Johannes Kiersch

Von der Steinzeit bis zum Great Reset

Johannes Kiersch

Von der Steinzeit bis zum Great Reset

Ein Anthroposoph versucht, sich nach Corona zurechtzufinden

INFO3 VERLAG

Titelbild: Holzstich eines unbekannten Künstlers, erstmals 1888 in Camille Flammarion: *L'atmosphere. Meteorologie Populaire* in Paris veröffentlicht. Nachträglich koloriert.

Johannes Kiersch
Von der Steinzeit bis zum Great Reset
(Reihe Schlanke Bändchen, Bd. 1)

ISBN 978-3-95779-148-1

Erste Auflage 2021

Lektorat: Dr. Jens Heisterkamp, Frankfurt am Main
Umschlag: Frank Schubert, Frankfurt am Main
Satz: Ulrich Schmid, de·te·pe, Aalen
Druck und Bindung: booksfactory.de, Szczecin, Polen

Inhalt

Vorwort

Die Pandemie hat einen enormen Gesprächsbedarf hervorgerufen. Sie hat Fragen und Aufgaben sichtbar gemacht, die lange schon bestanden, aber wenig beachtet worden sind, und vor allem hat sie das Klima der notwendigen Gespräche in schwer erträglichem Maße belastet. Die hier vorgelegte Sammlung von Beobachtungen beleuchtet bewusstseinsgeschichtliche Aspekte dieser Problematik. Sie will nicht bloß überzeugen, sondern vor allem aufmerksam machen. Ich hoffe, dass dadurch die Schärfe diesbezüglicher Konflikte unter Verehrern und Schülern Rudolf Steiners, die ich als meine Freunde betrachte, gemildert wird.

Die anthroposophische Bewegung hat sich auf allen Lebensfeldern bewährt. Zugleich sind ihre Denkgewohnheiten und Verhaltensweisen an vielen Orten von den Schatten alter Zeiten verdunkelt. Muss das so bleiben?

Bochum, im Oktober 2021 *Johannes Kiersch*

Wie eine Insel erhebt sich aus unzugänglichen Tiefen der kleine Umkreis des bewussten Lebens.
Wilhelm Dilthey

1. Auch das Bewusstsein entwickelt sich

Ich versuche, mich in die Zeit der Kämpfe um die Evolutionslehre Charles Darwins zurückzuversetzen. Bis gegen Ende des 19. Jahrhunderts galt bei uns das theologische Dogma von der Welt als Schöpfung Gottes, die sich seit Urzeiten nicht verändert habe. Jetzt mit einem Mal sollte sich diese Welt in Entwicklung befinden. Und der Mensch sollte nicht mehr, wie er in der Philosophie der italienischen Renaissance gesehen worden war, die Krone der Schöpfung sein, sondern nur noch ein letztes Glied in der langen Reihe der Lebewesen, die sich im blinden Mechanismus eines „Kampfes ums Dasein" nacheinander durchgesetzt haben. Welch ein fundamentaler Angriff war das auf die Würde des

Menschen! Und doch wurde Darwins Lehre innerhalb weniger Jahrzehnte überall akzeptiert. Jedem ist jetzt klar: Alle Lebewesen und mit ihnen der Mensch haben sich entwickelt.

Merkwürdigerweise wird aber diese revolutionäre Wahrheit nur auf den Leib bezogen gedacht. Dass auch das seelische Innenleben der Menschen von einer Generation zur nächsten einem Wandel unterliegt, hat sich noch nicht herumgesprochen, obwohl die historische Forschung diesem Wandel seit mehr als hundert Jahren nachgeht. Geschichte ist heute nicht nur eine Beschreibung von Heldentaten, von den Schicksalen bedeutender Familien, von Eroberungen und Kriegen, diplomatischen Verhandlungen und Verträgen, sondern auch Wirtschafts- und Sozialgeschichte, und vor allem Geschichte der unbewussten Beweggründe des Geschehens: *Mentalitätengeschichte*. Ich versuche mir klarzumachen, was diese neuere Form der Geschichtsschreibung über die Ursprünge meines gegenwärtigen Bewusstseins zu sagen hat.

2. Bewusstseinsphänomene der Vor- und Frühgeschichte

Überraschend war für mich ein unerwarteter Blick in das dunkle Gebiet der Vor- und Frühgeschichte: die These des kanadischen Kognitionswissenschaftlers Merlin Donald, dass es eine hochentwickelte Kultur gegeben habe unter Menschen, die noch nicht sprechen konnten. Der *homo erectus*, schon mit der Fähigkeit des aufrechten Ganges begabt, habe über eine Frühform des Gedächtnisses verfügt, die heute bei Menschenaffen beobachtet werden kann: eine „Ereigniswahrnehmung in Gestalt von Episoden", eine noch sehr lückenhafte Art sich zu erinnern. Durch *Mimesis*, das wechselseitige Nachahmen von Mimik und Gestik, habe dieses episodische Gedächtnis an Kontinuität gewonnen, und *homo sapiens* habe dann durch gemeinsam eingespielte Abläufe von Handlungen noch ohne Sprache eine elaborierte Kultur mit eigenem „mimetischen Stil" zustande gebracht.[1] Ich mache mir klar, dass die „Körpersprache", von der wir heute reden, die von Verhaltensforschern studiert wird und auch systematisch trainiert werden kann, auf diese mimetische Tiefenschicht unseres Bewusstseins zurückgeht. Influenzer:innen, die sich von ihren Followern bewundern und imitieren lassen, sind damit beschäftigt, eine uralte Menschheitspraxis zu aktualisieren.

Dann tritt im Lauf der Evolution, auf bis heute nicht völlig geklärte Art und Weise, die Fähigkeit des Sprechens hinzu. Was dabei geschehen sein könnte, zeigen uns kleine Kinder. Sie haben ein Organ dafür, dass im Klang und in den Lautbildungen der Sprache die mimetische Tiefenschicht des Bewusstseins mitwirkt. In den Märchen, die sie so gerne hören, lieben sie die rituellen Wiederholungen: „Manntche, Manntche Timpe Te, Butje, Butje in der See, Mine Fru, de Ilsebill, will nich so as ik wol will!"; „Schön Hühnchen, schön Hähnchen, und du, schöne bunte Kuh, was sagst du dazu?

---

1 Merlin Donald: A Mind so rare: The Evolution of Human Consciousness. 2001. Deutsch: Triumph des Bewusstseins. Die Evolution des menschlichen Geistes. Stuttgart 2008.

Duks, antworteten die Tiere; und das musste wohl heißen: Wir sind es zufrieden." Gewisse Lautkombinationen, die in archaischen Zaubersprüchen auftauchen, haben bis heute einen magischen Beiklang.[2] Kinder spüren hinter den Bildern und Wörtern der Märchen die faszinierende, den ganzen Menschen in Anspruch nehmende rituelle Welt der mimetischen Kulturstufe.

Das Sprechen beschert der Menschheit dann einen seelischen Innenraum, der sich von der Welt des sinnlichen Wahrnehmens mehr und mehr entfernt. Zu Beginn des dritten vorchristlichen Jahrtausends tritt in den Flusstalkulturen Ägyptens und des Zweistromlandes die Kunst des Schreibens hinzu, die das gesprochene, noch mit dem ganzen Menschen erlebte Wort festhält und vom Sprecher ablöst, objektiviert. Mich interessiert an dieser Neuerung des entwickelten Bewusstseins die für unser an logische Ordnung gewöhntes Denkvermögen rätselhafte Verworrenheit der Begriffe, die in den frühesten Texten der Keilschrift-Kultur Mesopotamiens hervortritt. Dort wird von den Gaben der Götter er-

---

2 Roman Jakobson/Linda R. Waugh: Die Lautgestalt der Sprache. Berlin, New York 1986.

zählt, mit denen die Menschen beschenkt worden seien, den „ME". Victoria Brockhoff, Ärztin am bekannten Gemeinschaftskrankenhaus in Herdecke/Ruhr und engagierte Assyriologin, erzählt in ihrer Einführung in die frühen Kulturen des Zweistromlandes vom Besuch Inannas, der Göttin der Liebe und Fruchtbarkeit, bei ihrem Vater Enki: „Sie entlockte ihm über hundert seiner ME, die sie, innerlich frohlockend, sogleich in die Himmelsbarke hineinlud. Es waren darunter: das Herrschertum, die erhabene und ewige Krone, der Thron des Königtums, das erhabene Szepter, die königlichen Insignien, das Königtum, der erhabene Schrein, das Hirtentum, die Frauenehre, das Amt der Hohenpriesterin, die drei Priesterämter Ischib, Lumach und Guda, der Abstieg in die Unterwelt, der Aufstieg aus der Unterwelt, die Goldstandarte, die Kunst, der Kultraum, die Musik, die fünf Musikinstrumente Gusilim, Lilis, Ub, Mesi und Ala, Brüderlichkeit, Heldentum, Macht, Feindschaft, Aufrichtigkeit, die Zerstörung der Städte, das Klagen, die Falschheit, die Herzensfreude, das Metallkunstwerk, das Schreibertum, das Schmiedehandwerk, das Lederhandwerk, das Bauhandwerk, das Korbmacherhandwerk, die Weisheit, die Aufmerksamkeit, die heilige

Reinigung, Furcht, Schrecken, Hader, Überdruss, Frieden, Sieg, Rat, die Herzensbetrübnis, das Richtertum, die Entschlusskraft und vieles andere mehr."[3]

Ich versuche vergeblich, diese eigenartige Zusammenstellung von Gegenständen, Eigenschaften, Ämtern, Tugenden und Lastern, Gefühlen und Kompetenzen begrifflich unter einen Hut zu bringen. Deutlich wird aus dem Text, dass die ME etwas darstellen, was die Menschheit bis dahin noch nicht hat, dass es sich um etwas Wertvolles handelt, zugleich aber um etwas Gefährliches. Etwas Handhabbares scheinen die ME zu sein. Etwas für das Leben Brauchbares. Was sie an sich, ihrem Wesen nach sind, abgesehen davon, dass sie Macht haben, wird nicht gesagt.

Ein Blick in neuere Forschungen zur Geistesgeschichte des Alten Ägypten hilft mir weiter. Man kennt das Bild der Seelenwaage beim altägyptischen Totengericht: auf der einen Schale das Herz des Verstorbenen, das gewogen werden soll, auf der anderen eine Göttergestalt mit Federschmuck auf dem Kopf, die Ma'at . Ich er-

---

3 Victoria Brockhoff: Götter, Dämonen, Menschen: Mythen und Geschichten aus dem Zweistromland. Stuttgart 1987, S. 45.

fahre, welche Bedeutung ihr zugeschrieben wird. Sie verkörpert Wahrheit und Gerechtigkeit, hohe moralische Prinzipien, an denen sich das Leben des Verstorbenen messen lassen muss, aber sie tut das, wie Jan Assmann gezeigt hat, in einer merkwürdig konkreten Weise.[4] Nirgendwo wird im Alten Ägypten definiert, was Ma'at als Ordnungsmacht darstellt. Sie liegt gleichsam in der Luft, die alle gemeinsam atmen. Jeder Mensch weiß dort, wir er in und mit Ma'at lebt und fühlt, wie Ma'at die Welt um ihn trägt und friedlich ordnet, und wie sie von ihm erwartet, dass er sie durch sein Verhalten ernährt und stärkt. Ein logisch geordneter Kosmos, wie später bei den Griechen, oder unser nach Kausalprinzipien gedachter Kosmos aus Materie, der sich zweckmäßig ausbeuten lässt, war im dritten Jahrtausend vor Christus, im Alten Reich der Ägypter, nicht vorstellbar. Mir geht auf, dass sich in dem vielfältigen Suchen nach einer natur- und weltgemäßen Lebensweise, das wir gegenwärtig bei uns beobachten können, eine Wiederentdeckung der altägyptischen Ma'at ankündigt.

---

4 Jan Assmann: Ma'at. Gerechtigkeit und Unsterblichkeit im Alten Ägypten. 3. Aufl. München 2020.

Nun leben aber auch die Götter in Ägypten von und mit Ma'at. Im kultischen Opfer wird dem Sonnengott Re zurückgegeben, was er als Ma'at dem Menschen geschenkt hat. Der vermittelnde Akteur dabei ist der König.[5] Durch ihn wirkt der Gott auf das Zusammenleben der Menschen ein. Damit wird die Pyramide des Alten Reiches mit ihrer leuchtenden Spitze zum Symbol der theokratischen Ordnung des Landes. Mir geht auf, dass Pyramiden dieser Art, wenn auch nicht so heilige, im sozialen Leben unserer Gegenwart vervielfacht wiederauftauchen, nicht nur in den hierarchischen Strukturen von Religionsgemeinschaften oder beim Militär, sondern auch in Industriebetrieben, in allen Behörden, und sogar im Schul- und Bildungswesen, wo sie am allerwenigsten hingehören.

---

5 Frank Teichmann: Die Kultur der Empfindungsseele. 2. Aufl. Stuttgart 2008.

3. Ein riskanter Moment: Die Menschheit beginnt zu denken.

Nach 1945, noch unter dem Eindruck der nationalsozialistischen Verbrechen in Deutschland, ging der Philosoph Karl Jaspers den tiefgreifenden Verwandlungen des Menschheitsbewusstseins im ersten vorchristlichen Jahrtausend nach, die er als „Achsenzeit“ bezeichnete. „In dieser Zeit“, schreibt er zusammenfassend, „drängt sich Außerordentliches zusammen. In China lebten Konfuzius und Laotse, entstanden alle Richtungen der chinesischen Philosophie, dachten Mo-Ti, Tschuang-tse, Lie-tse und ungezählte andere; in Indien entstanden die Upanishaden, lebte Buddha, wurden alle philosophischen Möglichkeiten bis zur Skepsis und zum Materialismus, bis zur Sophistik und zum Nihilismus, wie in China, entwickelt – in Iran lehrte Zarathustra das fordernde Weltbild des Kampfes zwischen Gut und Böse; in Palästina traten die Propheten auf von Elias über Jesaias und Jeremias bis zu Deuterojesaias; Griechenland sah Homer, die Philosophen – Parmenides, Heraklit, Plato – und die Tragiker, Thukydides und Archimedes. Alles, was durch solche Namen nur angedeutet ist, erwuchs in diesen wenigen Jahrhunderten annähernd gleichzeitig in China, Indien und dem Abendland, ohne dass sie gegenseitig voneinander wussten."[6] Individuelle Menschen treten jetzt in Erscheinung, und mit ihnen die Kraft des logischen Denkens. Diese neue Fähigkeit erschließt der Menschheit den bewussten Zugang zu den Phänomenen ihres inneren seelischen Lebens.

Einige hundert Jahre später fasst der erste Mensch, der sich an eine Beschreibung seines eigenen Lebens, seine Autobiografie, heranwagt und damit als Vater der abendländischen Psychologie betrachtet werden kann, der Kirchenvater Augustinus, die Summe seiner selbstkritischen Überlegungen in den Satz: „Gehe nicht hinaus, in dich selbst kehre zurück – im inneren Menschen wohnt die Wahrheit.."[7] In den anschließenden Jahrhunderten, bis ins Hohe Mit-

---

6 Karl Jaspers: Vom Ursprung und Ziel der Geschichte. Frankfurt a. M. Hamburg 1956, S. 14f. Siehe dazu auch Bruno Snell: Die Entdeckung des Geistes. Studien zur Entstehung des europäischen Denkens bei den Griechen. Göttingen 1946.

7 Augustinus: De vera religione. Ditzingen 1986, S. 123.

telalter, entwickeln sich daraus die von Engeln und Teufeln bevölkerten Vorstellungswelten des christlichen Glaubens, bis hin zu ihrer poetischen Konsolidierung in der *Divina Commedia* des Dante Alighieri, die Bilder und Ereignisse der sinnlichen Welt ausnahmslos ins Jenseits versetzt, in die neun Kreise der Hölle, ins Purgatorium, (das *Kamaloka* der Inder), das im Lauf von Jahrhunderten immer farbiger ausgemalt wird,[8] und ins himmlische Paradies. All das, und damit der ganze Reichtum der europäischen Kulturentwicklung, geht von der Wendung nach innen aus, die von den Anfängen des logischen Denkens während der Achsenzeit ausgelöst worden ist.

Diese Wendung hatte aber eine problematische Schattenseite, die bis in unsere Gegenwart weiterwirkt. Am deutlichsten hat diesen Sachverhalt für mein Gefühl Paul Feyerabend aufgedeckt, der durch sein Eintreten für radikale Denkfreiheit – „anything goes" – bekannt geworden ist. Er hat eine „Naturphilosophie" hinterlassen, die trotz jahrelanger Bemühung Fragment geblieben und erst in seinem Nachlass

---

8 Jacques LeGoff: Die Geburt des Fegefeuers. Stuttgart 1984.

entdeckt worden ist. Darin untersucht er das „dynamische Weltbild" der Steinzeitmenschen und kritisiert mit scharfen Worten die Wendung nach innen, die er im fünften vorchristlichen Jahrhundert bei den eleatischen Philosophen Xenophanes und Parmenides auftreten sieht: „Mit Parmenides beginnt der Versuch, Bewegung mit Hilfe von ruhenden und zur Veränderung grundsätzlich unfähigen Prinzipien darzustellen, und der Versuch misslingt auch sogleich: Die Bewegung wird nicht nur verfehlt, sondern als nicht existierend aus der Naturbetrachtung ausgeschlossen. Bis ins 19. Jahrhundert dauert diese Erstarrung."[9] Hundert Jahre später führt Platon den Impuls des Parmenides weiter und begründet damit eine Denktradition, die jeder unmittelbaren Wahrnehmung, jedem lebensweltlichen Phänomen misstraut und Wahrheit in der Technik der Abstraktion sucht. Mir fällt auf, dass Rudolf Steiner in der ersten Auflage seines Buches über *Goethes Weltanschauung* diesen platonischen Impuls scharf kritisiert. Die sozialen Probleme, vor die uns die Krisen der letzten Jahre gestellt haben, verdan-

---

9 Paul Feyerabend: Naturphilosophie. Frankfurt a. M. 2009, S. 76 f.

ken wir zu einem guten Teil den wissenschaftlichen Forschungsmethoden, denen dieser Impuls zugrunde liegt.

Das Denkvermögen der Menschheit hat sich von der Achsenzeit an weiter entwickelt. Es hat dabei in den Schriften der Hochscholastik ein Niveau an Präzision erreicht, das bis zur Gegenwart nicht übertroffen worden ist. Ich bemühe mich, mir zu vergegenwärtigen, welches *Lebensgefühl* in jener Zeit damit verbunden war. Bis zum zwölften Jahrhundert gab es nördlich der Alpen keine mechanischen Uhren. Die zwölf Stunden des Tages waren im Sommer ganz erheblich viel länger als im Winter. Der Tageslauf atmete im Verlauf der Jahreszeiten. Die Nächte waren, wenn kein Mond schien, sehr viel dunkler als heute. In den Häusern gab es außer dem Herdfeuer kaum Licht. Gemildert waren diese strapaziösen Umstände durch religiöse Riten, durch Gebet, den stellenweise täglichen Besuch der Heiligen Messe. Die Heiligenverehrung mit ihren Festlichkeiten machte zeitweise an vielen Orten jeden dritten Tag zum Feiertag. Der niederländische Kulturhistoriker Johan Huizinga hat eindrucksvoll dargestellt, mit welcher Innigkeit und Tiefe die religiöse Bilderwelt jener Zeit erlebt wurde. „Der Lebenswert der symbolischen Erklärung alles Bestehenden“, schreibt er, „war unschätzbar. Der Symbolismus schuf ein Weltbild von ungleich strengerer Einheit und innigerem Zusammenhang, als das kausal-naturwissenschaftliche Denken es zu geben vermag. Er umspannte mit seinen starken Armen das weite Reich der Natur und die ganze Geschichte. Er schafft sich darin eine feste Rangordnung, eine architektonische Gliederung, einen hierarchischen Aufbau. [...] Man stelle sich eine Welt vor, in der jeder Edelstein im Glanze all seiner symbolischen Werte funkelt, in der das Einssein von Rose und Jungfräulichkeit mehr ist als ein dichterisches Sonntagskleid, in der sie das *Wesen* beider umfasst. Es ist eine wahre Polyphonie der Gedanken. Wie durchdacht ist alles! Jede Vorstellung bringt einen harmonischen Akkord von Symbolen zum Klingen. Das symbolische Denken schenkt jenen Rausch der Gedanken, jenes präintellektuelle Verfließen der Identitätsgrenzen der Dinge, jene Dämpfung des verstandesmäßigen Denkens, die das Lebensgefühl auf seinen Gipfel emporheben.“[10]

---

10 Johan Huizinga: Herbst des Mittelalters. 11. Aufl. Stuttgart 1975, S. 291 f.

Aber das alles kam an ein Ende. Die überlieferten Bilder und Begriffe nahmen gegen Ende des Mittelalters starre, geradezu mechanische Formen an. Zugleich wurde wieder, wie schon bei Paulus, spürbar, dass sich dahinter höhere Wahrheiten ahnen ließen. „Der Symbolismus", schreibt Huizinga, „war ein unzulänglicher Ausdruck für Zusammenhänge, wie sie uns manchmal beim Hören von Musik zum Bewusstsein kommen. – ‚Videmus nunc per speculum in aenigmate.'[11] Man wusste, dass man in ein Rätsel sah, und dennoch hat man danach getrachtet, die Bilder im Spiegel zu unterscheiden, hat Bilder durch Bilder erklärt und Spiegel gegenüber Spiegel gesetzt. Da lag nun die ganze Welt, Bild geworden, in selbstständigen Figuren: es ist eine Zeit der Überreife und des Ausblühens. […] Alles, was gedacht werden konnte, hatte eine plastische oder bildliche Form gewonnen. Das Denken selbst konnte nun zur Ruhe gehen: die Vorstellung von der Welt war so unbeweglich, so starr geworden wie eine Kathedrale, die im Mondenlicht schläft."[12]

---

11 1. Brief des Paulus an die Korinther, 13,12.

12 Ebd. S. 302f.

4. Das denkende Bewusstsein entdeckt seine Tiefendimensionen.

Ernst Cassirer, der eine zeitlang fast vergessene Kulturhistoriker und Philosoph, der gegenwärtig als einer der letzten Universalgelehrten unserer Welt zunehmend geschätzt wird, kam im Jahre 1917 in Berlin beim Einsteigen in eine Straßenbahn auf die geniale Idee, die ihn berühmt gemacht hat.[13] Ihm ging auf, dass die Kulturen der Menschheit keineswegs allein durch die Kraft des theoretischen Erkennens in Gang gebracht und ernährt worden sind. Auch in den Bildern der Mythen, beim Sprechen, in allen Künsten entwickelte der Menschengeist nach und nach das Vermögen, seine äußeren Wahrnehmungen mit Bewusstsein zu durchdringen, in „symbolischen Formen" unterschiedlicher Gestalt, die eine je

13 Merkwürdigerweise zur gleichen Zeit, als Rudolf Steiner dort an seinem Buch *Von Seelenrätseln* arbeitete, seinem wissenschaftstheoretischen Schlüsselwerk.

spezifische Produktivkraft entfalteten und damit Lebensformen und Weltbilder prägten.[14] Ein erstes Aufleuchten dieser symbolisierenden Gestaltungskraft sieht Cassirer in einem Bilden von Beziehungen, die der erwachende Geist zwischen seinen Wahrnehmungen herstellt, Wahrnehmungen, die zunächst als Ausdruckserlebnisse bewusst werden, nicht als die feste Welt der Gegenstände, die der erwachsene Mensch unserer Gegenwart um sich erlebt. „Das ‚Verstehen von Ausdruck'", schreibt Cassirer, „ist wesentlich früher als das ‚Wissen von Dingen'."[15] Auch hier wieder ist ein Seitenblick auf die seelische Entwicklung junger Menschen hilfreich. Sehr junge Kinder antworten auf den freundlichen Gesichtsausdruck anderer Menschen mit einem Lächeln. Dann lernen sie, Töne und Geräusche mit Tastwahrnehmungen zu verbinden. Die Welt um sie gewinnt damit an Stabilität. Die „reine Beziehung", schreibt Cassirer, sei es, „die den Aufbau des Bewusstseins beherrscht und die in ihm als

14 Zur Einführung siehe Ernst Cassirer: Versuch über den Menschen. Einführung in eine Philosophie der Kultur. Neuauflage Hamburg 2010.

15 Ernst Cassirer: Philosophie der symbolischen Formen. Dritter Teil. Phänomenologie der Erkenntnis. Nachdruck Hamburg 2019, S. 69.

echtes ‚Apriori', als wesensmäßig Erstes, hervortritt."[16] Damit hat Cassirer gewissermaßen den Keimpunkt der vielfältigen Tätigkeit erfasst, die er – leider erst nach dem Tode Rudolf Steiners – in seiner Philosophie der symbolischen Formen im Einzelnen beschreibt. Das große Werk ist unvollendet geblieben. Nach seiner Darstellung der symbolischen Formen des Mythos und der Sprache hat Cassirer in einem dritten Band eine Phänomenologie des theoretischen Erkennens ausgebreitet, die immer wieder auch die Eigenart aller anderen Symbolismen beleuchtet. Er zeigt darin zum Beispiel, wie ein welliger Linienzug ganz unterschiedlich aufgefasst werden kann: als Bewegungsfigur, als schmückendes Ornament, als mythisches Wahrzeichen oder als rein mathematisches Gebilde, als Abbild einer geometrischen Gesetzlichkeit.[17]

Leider hat Cassirer andere symbolische Formen, die er vor sich sah, nicht mehr so eingehend behandeln können. Seine Schülerin Susanne Langer hat sein monumentales Projekt mit ihrer Studie über *Das Symbol im Denken, im Ritus und in der Kunst* bereichert, in welcher sie

---

16 Ebd. S. 231

17 Ebd. S. 228f.

klarstellt, dass es sich in den Künsten nicht, wie so viele heute meinen, um Träumereien oder wesenloses Spiel handelt, sondern um höchst anspruchsvolle Formen des Erkennens. Langer unterscheidet den an Sprache gebundenen, „diskursiven“ Symbolismus des theoretischen Erkennens von den „präsentativen“ Symbolismen der Künste, insbesondere der Musik, die uns Erkenntnisse vermitteln, die mit keiner Wortsprache einzufangen sind. Dabei betont sie, dass die verbreitete Vorstellung von Rationalität einer entschiedenen Erweiterung bedarf. „Die Anerkennung des präsentativen Symbolismus als eines normalen Bedeutungsvehikels von allgemeiner Gültigkeit erweitert unsere Vorstellung von Rationalität weit über die traditionellen Grenzen hinaus und wird doch der Logik im strengsten Sinne niemals untreu.“[18]

Ich frage mich, in welcher Reihenfolge Cassirers symbolische Formen in der Bewusstseinsgeschichte der Menschheit nacheinander erschienen sein könnten. Als eine solche Form hat Cassirer auch die Technik angesehen. Die ausge-

---

18 Susanne K. Langer: Philosophie auf neuem Wege. Das Symbol im Denken, im Ritus und in der Kunst. Frankfurt a. M. 1965, S. 103.

dehnten Forschungen, die der anthroposophisch orientierte Biologe Wolfgang Schad zur Kultur der Steinzeit angestellt hat, lassen mich fragen, ob die „Faustkeile" dieser Kulturperiode, Artefakte, die gewöhnlich als primitive Werkzeuge aufgefasst werden, besonders für die Jagd, nicht eher als Übungsmaterial archaischer Bewusstseinsbildung zu betrachten sind. Was hat die Menschen der Steinzeit veranlasst, die ungeheure, weit über den bloßen Werkzeugbedarf hinausgehende Menge kleiner Kunstwerke herzustellen, die sich im nördlichen Afrika und in den Ländern des Nahen Ostens finden lassen? Das Zurechtschlagen der Steine, das tastende Erforschen von Flächen und Kanten, mit dem sich die Menschen jener Zeit vermutlich wie spielend beschäftigt haben, könnten den instinktiven Übergang von der traumhaften Sphäre der Ausdruckswahrnehmung, in die das soziale Miteinander damals eingebettet war, in eine archaische Form unseres heutigen Gegenstandsbewusstseins eingeleitet haben.[19] Das oft so

---

19 Wolfgang Schad: Urgeschichtliches Israel – Schwelle und Durchgangsland der Menschheitsentwicklung. In: Andreas Suchantke / Hans-Ulrich Schmutz / Wolfgang Schad / Wolfgang Fackler: Mitte der Erde. Israel im Brennpunkt natur- und kulturgeschichtlicher Entwicklungen. Stuttgart 1988, S. 315–415.

überraschende Talent unserer engagierten Techniker könnte in den Gestaltungsexerzitien der Steinzeitmenschen seinen Ursprung haben. Damit wäre *Technik* die früheste der symbolischen Formen in der Bewusstseinsgeschichte der Menschheit.

Die von Merlin Donald beschriebene mimetische Kulturstufe hätte dann den Symbolismus des *Rituals* hervorgebracht, der durch die symbolischen Formen der *Sprache* die des *Mythos* hätte entstehen lassen. Als jüngste und bisher letzte Form der Bewusstseinsentwicklung der Menschheit hätten sich während der von Karl Jaspers beschriebenen Achsenzeit das Selbstbewusstsein und die Fähigkeit zum abstrakten Denken entfaltet und damit der *theoretische Symbolismus*. Für unsere Gegenwart stellt sich die Frage, ob all die Errungenschaften der älteren Zeit, die durch diesen einstweilen letzten Entwicklungsschritt verlorengegangen oder marginalisiert worden sind, wieder entdeckt und wieder belebt werden können, oder ob sie womöglich bis heute weiter wirken, ohne bewusst bemerkt zu werden.

5. Die Natur spielt mit: der Mensch als Erstgeborener der Schöpfung

Bei meiner ersten Norwegenreise stand ich einen stillen Moment lang am Ufer eines Fjordes. Jenseits der weiten Wasserfläche eine ungewöhnlich hohe, steil aufragende Bergwand aus Granit. Mir kam der Gedanke: Dieses erhabene Gebilde haben seit urferner Zeit die Götter aufgebaut, nur damit ich kleiner Mensch zu mir ICH sagen kann. Dieser Gedanke war natürlich ein Ergebnis meiner Beschäftigung mit der Evolutionslehre Rudolf Steiners. Anthroposophische Mythologie, wenn man will. Aber er hatte als inneres Erlebnis eine elementare Wucht. Und er beschäftigt mich bis heute. Über das schöne Buch des niederländischen Waldorflehrers Jos Verhulst[20] kam ich dann auf

---

20 Jos Verhulst: Der Erstgeborene. Mensch und höhere Tiere in der Evolution. Stuttgart 1999.

Johann Gottfried Herder, den Freund und Lehrer Goethes, und seine Idee vom Menschen als dem „Erstgeborenen der Schöpfung". Gibt es womöglich evolutionsbiologische Argumente für den Gedanken, dass sich Lebewesen stufenweise auf die Gestalt des Menschen hin, wie wir ihn heute vor uns sehen, entwickelt haben? An Goethe orientierte Biologen wie Hermann Poppelbaum, Friedrich Kipp, Wolfgang Schad, Andreas Suchantke, alle auch Schüler Rudolf Steiners, haben seit Jahrzehnten Herders Idee phänomenologisch untermauert. Sie sehen den Entwicklungsweg einer bestimmten Gruppe von Lebewesen als einen Weg zur Autonomie des Menschen: von den Mikroben über die wirbellosen Fische, die mit Lungenatmung und einem Innenskelett ausgestatteten Frösche und Lurche, die höheren Säugetiere mit ihrer Eigenwärme bis hin zum gegenwärtigen Menschen, der sich durch sein Selbstbewusstsein von den Zwängen seiner Umgebung völlig freizumachen beginnt.

Die an dem von Wolfgang Schad begründeten *Institut für Evolutionsbiologie* an der Universität Witten-Herdecke tätigen Forscher haben Herders Idee inzwischen auch akademisch salonfähig gemacht.[21] Damit kommt die neuere naturwissenschaftliche Forschung den mentalitätengeschichtlichen Befunden, über die ich hier berichtet habe, erfreulich entgegen.

21 Bernd Rossslenbroich: On the Origin of Autonomy. A New Look at the Major Transitions in Evolution. Heidelberg 2014.

6. Licht und Schatten: Was bleibt bis heute?

In seinem Mysteriendrama *Die Pforte der Einweihung* lässt Rudolf Steiner eine Gestalt auftreten, von der gesagt wird, dass er sie besonders geliebt habe, den Historiker Professor Capesius. Diesem erfolgreichen Forscher legt er die Vermutung in den Mund, „Erkenntnis sei auf jeder Lebensstufe anders", eine Art Leitwort für jede Art von Mentalitätengeschichte. Zugleich lässt er ihn eine bittere Wahrheit verkünden: „Die Bergeslast der Überlieferung / Und dumpfer Vorurteile Alp / Sie werden stets erdrücken / Der besten Worte Kraft." Ich habe bei meinem Herumstöbern in signifikanten Zeugnissen vergangener Kulturen immer wieder Tatbestände gefunden, von denen ich mir wünsche, dass sie in unserer Gegenwart erhalten bleiben oder wiederentdeckt und belebt werden. Unübersehbar aber gibt es aber auch so etwas wie dunkle Schattenwürfe vergangener Kulturverhältnisse. Ägypten und das Zweistromland haben uns verborgene Dispositionen im Willensleben hinterlassen: das Gebundensein an eine soziale Gruppe, den Glauben an die Notwendigkeit von Autoritäten, das Bedürfnis nach Geborgenheit in einer pyramidal organisierten Führungsstruktur. Dem christlichen Mittelalter verdanken wir ein Bedürfnis nach feudalistischen Bündnisbeziehungen, nach Schutz von oben durch einen Machthaber, der für seine Vasallen sorgt, und die Gefolgschaftstreue, die darauf zuverlässig antwortet.

Die Katastrophen des 20. Jahrhunderts haben uns gelehrt, dass solche Schattenwirkungen einen geradezu dämonischen Charakter annehmen können. Dass im Zweiten Weltkrieg harmlose, brave Männer und liebenswürdige Familienväter zu Massenmördern werden konnten, war nicht ein Ergebnis ihrer Furcht vor Strafen. Entscheidend war dafür der verborgene Druck einer archaischen Bindung an „Kameraden", die man nicht im Stich lässt, an tief eingewurzelte Vorstellungen von Gefolgschaftstreue und ehrenhaftem Verhalten.[22] Strategen der Massen-

22 Christopher R. Browning: Ganz normale Männer. Das Reserve-Polizeibataillon 101 und die „Endlösung" in Polen. 2. Aufl. Hamburg 2020.

psychologie wie Joseph Goebbels unterstützten diese verborgenen Zwänge durch Rituale wie den Hitlergruß, das magische Symbol des Hakenkreuzes, durch Fackelzüge, ideologisierte Sportveranstaltungen, die Militarisierung aller Institutionen des öffentliche Lebens; nicht zuletzt auch durch eine systematisch betriebene Vergiftung der Umgangssprache, wie sie Victor Klemperer so eindringlich in seinen Tagebüchern und in seinem Buch über die Sprache des Dritten Reiches dokumentiert hat.[23] Ein signifikantes Symptom dafür ist die massenhafte Produktion von Abkürzungen, die nach dem Zusammenbruch des totalitären Regimes nicht nur in der Behördensprache bis heute ihr Unwesen treibt. Ernst Cassirer hat im amerikanischen Exil kurz vor Ende des Krieges eindringlich die Wirkungen des „Mythus vom Staat" beschrieben, der besonders in der Geschichte Deutschlands eine verhängnisvolle Rolle gespielt hat.[24]

Gern habe ich zur Kenntnis genommen, dass die neuere historische Forschung den Mys-

---

23 Victor Klemperer: LTI. Notizbuch eines Philologen. Ditzingen 2020.

24 Ernst Cassirer: Vom Mythus des Staates. Neuausgabe Hamburg 2002.

terienreligionen des Altertums nicht nur bedeutende Kulturwirkungen zugesteht, sondern auch eine vorbereitende Rolle für die gegenwärtig überall zu beobachtenden individuellen Initiativen zur Selbsterziehung. Athen zur Zeit seiner großen Philosophen war durch seine enge Bindung an die Mysterien von Eleusis, in die alle Vollbürger der Stadt eingeweiht waren, eine esoterische Übungsgemeinschaft.[25] Walter Burkert fasst den Stand der neueren Forschung in den Satz: „Als Initiationsrituale freiwilligen, persönlichen, geheimen Charakters waren die antiken Mysterien bestimmt, durch Erfahrung des Heiligen einen neuen Status der Bewusstheit zu vermitteln."[26]

---

25 Karl Kerényi: Die Mysterien von Eleusis. Zürich 1962. Christian Meier: Athen. Ein Neubeginn der Weltgeschichte. München 1995. Diether Lauenstein: Die Mysterien von Eleusis. Stuttgart 1987.

26 Walter Burkert: Antike Mysterien. Funktionen und Gehalt. 4. Aufl. München 2003., S. 18.

7. „Jeder Mensch selber"

Es ist inzwischen nicht mehr zu übersehen: So wie die Natur Schritt für Schritt ein von seiner Umgebung weitgehend unabhängiges, selbstständiges, selbstbewusstes Lebewesen hervorgebracht hat, den zivilisierten modernen Menschen, so hat dieser Schritt für Schritt sein Bewusstsein entwickelt, hin zum Ideal der autonomen, in sich selbst begründeten Individualität. Noch vor hundert Jahren wurden hierzulande Kinder bei der Taufe mit einem Namen aus der Familientradition ausgestattet, im katholischen Milieu mit dem Namen eines Heiligen. Heute wird für jedes Kind ein möglichst einzigartiger, ungewöhnlicher Name gesucht oder erfunden. Peinlich wird darauf geachtet, dass dem neuen Mitmenschen keine soziale Rolle aufgedrängt wird. Jedes Kind soll sein Verhältnis zum ererbten Körper selbst erforschen und definieren können. Die dabei auftretenden Unsicherheiten werden eifrig beobachtet und diskutiert. In den Echokammern digitaler Netzwerke erwachsen aus diesem Bemühen Wellen von gesteigerter Sensibilität und entsprechender Empörung, bis hin zum blanken Hass.

Für einen Anthroposophen ist es interessant, zu sehen, wie Rudolf Steiner – abgesehen davon, dass er die zugrundeliegende Entwicklungstendenz in seinem „soziologischen Grundgesetz" nüchtern definiert hat[27] – in der Erstfassung seiner *Philosophie der Freiheit* den modernen Individualsierungsimpuls rückhaltlos befürwortet, ihn aber später ebenso entschieden an eine veränderte soziale Realität bindet. Im idyllischen Weimar von 1893 schreibt er mit lockerem Ton: „Leben und Lebenlassen ist die Grundmaxime der freien Menschen." Angesichts der katastrophalen Weltlage im Kriegs-Wendejahr 1917 erweitert er für die zweite Auflage diesen Satz durch zwei gewichtige Einfügungen: „Leben *in der Liebe zum Handeln* und Lebenlassen *im Verständnisse des fremden Wollens* ist die Grundmaxime der freien Menschen." (Hervorhebungen J. K.) Und zwei Jahre später gibt er dem damit konkretisierten Gedanken eine mantrische Form: „Heilsam ist nur, wenn / Im Spiegel der

---

27 Vgl. dazu Dieter Brüll: Der anthroposophische Sozialimpuls. Schaffhausen 1984, S. 79ff.

Menschenseele / Sich bildet die ganze Gemeinschaft / Und in der Gemeinschaft / Lebet der Einzelseele Kraft."[28]

Seit einiger Zeit werden diese Sätze – Steiner hat sie das „Motto der Sozialethik" genannt – unter Anthroposophen viel zitiert. Und nach und nach wird auch bemerkt, wie Steiner mit der neuen Formulierung die Gewichte verlagert hat. Nicht mehr der Freiheitsimpuls ist jetzt das Erste, sondern ein sensibles Etwas, das wie von selbst entsteht, wenn ich mich ganz zurücknehme und in geduldiger Gelassenheit ein *Bild* von der Befindlichkeit meiner *Umgebung* in mir entstehen lasse. Das „Motto der Sozialethik" gilt für jede Zweierbeziehung, für jede Familie, jede Gemeinde, jedes Land, bis hin zur Pflege vernünftiger internationaler Beziehungen in der ganzen Weltgemeinschaft. Ein umfassendes Interesse für die Befindlichkeit der Menschenkreise, mit denen wir leben, erweist sich damit als eine unverzichtbare Voraussetzung für die weltgemäße Realisierung des Ideals individueller Freiheit.

Ita Wegman, die Mitarbeiterin und Freundin Rudolf Steiners, kam zehn Jahre nach dessen

---

28 GA 40, S. 298.

Tod zu der Einsicht, dass der autokratische Führungsimpuls, dem sie sich zunächst verpflichtet gefühlt hatte, angesichts der schweren Konflikte, die in der anthroposophischen Bewegung aufgebrochen waren, ein Traum gewesen war. „Jeder Mensch selber“ in seiner individuellen Beziehung zur Anthroposophie wird ihr jetzt zum leitenden Ideal.[29] Was sie von da an gesucht hat, ist schwer zu beschreiben. Hat es sich dabei um ein Suchen nach der neuen Sozialität gehandelt, die Steiners „Motto der Sozialethik“ uns nahelegt?

---

29 Ita Wegman an Maria Röschl 22. 2. 1935. Siehe Johannes Kiersch: Steiners individualisierte Esoterik einst und jetzt. Dornach 2012, Anhang 30, S. 312ff. und zu weiteren Einzelheiten ders.: Rudolf Steiners Weg zur freien Esoterik. Dornach 2019, S. 135ff.

8. Gesteigerte Vernunft und Schöpfung aus dem Nichts

Ich habe mich ein Leben lang mit den Ideen Rudolf Steiners beschäftigt. Diese Ideen sind vom wissenschaftlichen Mainstream hundert Jahre lang als phantastischer Unsinn beiseitegeschoben worden. Erst seit wenigen Jahren werden sie auch außerhalb der anthroposophischen Bewegung ernsthaft diskutiert. Ausschlaggebend für die Tabuisierung der Ideenwelt Steiners war dessen These, dass sich durch bestimmte Denk-Übungen und eine begleitende Schulung des Verhaltens das menschliche Erkenntnisvermögen steigern, in eine höhere Form hinein erweitern lasse.[30] Die neuere kulturwissenschaftliche Forschung hat inzwischen gezeigt, dass dieser Gedanke schon in den Mysterienstätten der griechischen Antike ge-

---

30 Rudolf Steiner: Wie erlangt man Erkenntnisse der höheren Welten? (GA 10), Die psychologischen Grundlagen und die erkenntnistheoretische Stellung der Anthroposophie. In: Philosophie und Anthroposophie (GA 35), S. 111–144.

dacht und gelebt wurde, dass er in der Aufklärungsbewegung des 18. Jahrhunderts, der wir die Fundierung unserer Grundrechte verdanken, als Leitmotiv zeitgemäßer Reformen eine bedeutende Rolle spielte[31] und erst durch den Materialismus des 19. Jahrhunderts, der bis zur Gegenwart nachwirkt, verdunkelt worden ist. Ich erlaube mir deshalb die Freiheit, diesen Gedanken ernstzunehmen und die Form, in welcher er im Werk Rudolf Steiners erscheint, als diskutabel zu betrachten. Dabei bemühe ich mich, zu unterscheiden zwischen dem, was ich selbst erkannt zu haben glaube, und dem, was ich in der Rudolf Steiner Gesamtausgabe gelesen habe. Diese Unterscheidung bewahrt mich vor den Abgründen anthroposophisch tingierter Fundamentalismen, die ich um mich herum bemerke.

In diesem Sinne vergegenwärtige ich mir einige Begriffe aus der Anthroposophie Rudolf Steiners, die für mich die hier versammelten Phänomene der Bewusstseinsgeschichte aufschlussreich beleuchten. Zunächst erinnere ich mich an ein schwer erklärbares Phänomen der Kunstgeschichte: die „Aura" indischer Buddha-

31 Monika Neugebauer-Wölk (Hg.): Aufklärung und Esoterik. Hamburg 1999.

Darstellungen, die „Mandorla" mittelalterlicher Marienbilder. Handelt es sich da um phantasievolle Versuche der optischen Verherrlichung bedeutender Gestalten? Oder standen den Künstlern alter Zeiten Fähigkeiten des Wahrnehmens zur Verfügung, die uns heute verlorengegangen sind? Bei Steiner lesen wir, dass er solche Wahrnehmungen gehabt habe. Im Jahre 1903, ein Jahr, nachdem er sein leitendes Amt bei der deutschen Sektion der *Theosophischen Gesellschaft* übernommen hatte, erzählt er davon, beim Beobachten der menschlichen Aura drei unterschiedliche Arten von übersinnlichen Farberscheinungen beobachtet zu haben.[32] Zunächst solche, die „den Charakter der Undurchsichtigkeit und Stumpfheit" tragen und wie Nebelgebilde auftreten, dann solche, „welche gleichsam ganz Licht sind". „Sie durchhellen den Raum, den sie ausfüllen." Schließlich die dritte Art von Erscheinungen: „Diese haben […] einen strahlenden, funkelnden, glitzernden Charakter. Sie durchleuchten nicht bloß den Raum, den sie ausfüllen: sie durchglänzen und durchstrahlen

32 In wie fern man von übersinnlichen Farbwahrnehmungen reden kann, erklärt Steiner mehrfach, z. B. in seiner *Theosophie.*

ihn. Es ist etwas *Tätiges, in sich Bewegliches* in diesen Farben. Die anderen haben etwas in sich Ruhendes Unbewegliches. Diese dagegen erzeugen sich gleichsam fortwährend aus sich selbst. – Durch die beiden ersten Farbgattungen wird der Raum wie mit einer feinen Flüssigkeit ausgefüllt, die ruhig in ihm verharrt; durch die dritte wird er mit einem sich stets anfachenden *Leben,* mit nie ruhender Regsamkeit erfüllt."[33] Ich möchte vermuten, dass diese Beobachtungen Steiner veranlasst haben, in seiner einführenden Darstellung der „Wesensglieder" des Menschen in seinem Buch *Theosophie*, das etwa gleichzeitig entstand, drei Glieder der „Seele" zu unterscheiden, die *Empfindungs-*, die *Verstandes- oder Gemütsseele* und die *Bewusstseinsseele.* Der angeführte Text nimmt hierauf mit der Anmerkung Bezug: „Die kombinierende Verstandesseele, die in sich lebt, sich in ihren Erlebnissen ganz ihrer Natur unterwirft, prägt sich in der zweiten Aura aus; und die Bewusstseinsseele erhält ihren übersinnlich-sichtbaren Ausdruck in der dritten, am hellsten erstrahlenden Aura."[34] Einige Jahre später konkretisiert Steiner in seiner *Geheimwissen-*

33 GA 34, S. 119f.

34 GA 34, S. 132.

schaft im Umriss seine zunächst noch spärlichen Hinweise auf die drei Seelenglieder mit seiner Lehre von den nachatlantischen Kulturepochen. Danach hat sich die Empfindungsseele im dritten und zweiten vorchristlichen Jahrtausend in den Flusstalkulturen des Nahen Ostens entwickelt, die Verstandes- oder Gemütsseele von der Zeit Homers in Griechenland bis ins Hohe Mittelalter. Die Bewusstseinsseele habe sich zu Beginn der Neuzeit, Anfang des 15. Jahrhunderts, zu entfalten begonnen.[35]

Während er dann im Sommer 1909 seine große Kosmologie, die *Geheimwissenschaft im Umriss,* für den Druck vorbereitet, hält Steiner vor seinen theosophischen Hörern in Berlin einen Vortrag, dem er besonderes Gewicht beimisst. Er schildert dort, wie das Leben der Pflanzen sich in einem dauernden Wechsel von Entfaltung und Vergehen, von „Evolution" und „Involution" vollzieht und wie auch die Tiere dieser Naturgesetzlichkeit unterliegen. Einzig der Mensch sei in der Lage, sich davon zu befreien. Denn er könne nicht nur, wie die Tiere,

---

35 Zu den Einzelheiten siehe Johannes Kiersch: Über den Begriff der Bewusstseinsseele bei Rudolf Steiner. In: Steiner Studies 2/2021, S. 40ff.

Tatsachen wahrnehmen, sondern auch *Beziehungen* zwischen den Tatsachen herstellen. Damit entdeckte Steiner schon Jahre vor Paul Natorp und Ernst Cassirer (siehe oben) das Urphänomen der menschlichen Bewusstseinsbildung. Er nennt das Bilden von Beziehungen zwischen Tatsachen eine „Schöpfung aus dem Nichts", einen Vorgang, dem keine definierbare Ursache zugrunde liegt. Es gebe solche Schöpfungen auf den Bewusstseinsebenen des Denkens, des Fühlens und des Wollens: in der Form des logischen Schließens, des ästhetischen Empfindens und des den unmittelbar gegebenen Umständen gemäßen Wollens. Im Bereich des (träumenden) Fühlens schöpfen wir aus dem Nichts, indem wir der individuellen Empfindung nachgehen, die ein tragischer, ein heroischer, ein abstoßender, ein erheiternder Vorgang in uns hervorruft. (Hier kommt sicher auch in Betracht, was Steiner in einem früheren Fragment *Über das Komische und seinen Zusammenhang mit Kunst und Leben* ausgeführt hat, einem Schlüsseltext für die „Humor-Epoche" des klassischen Lehrplans für die 9. Klasse der Waldorfschule.[36]) Die dritte Form der „Schöp-

36 GA 46, S. 170–186.

fung aus dem Nichts“ scheint Steiner in einem intuitiven Handeln zu sehen, das den konkreten Umständen entspricht, ohne logisch daraus abgeleitet zu sein, das abenteuerliche, spontane, von Steiner als „Artistik“ bezeichnete Umgehen einer fähigen Lehrerin mit einer unberechenbaren Kinderschar zum Beispiel, ein erfolgreiches blitzschnelles Reagieren in Augenblicken größter Gefahr, eine glückliche Entscheidung nach sachgemäßem Ermessen, die sich nicht aus vorgegebenen Regeln, aus Gesetzen oder Verordnungen ableiten lässt, wohl auch eine geistvolle Bemerkung, die eine peinliche Situation überraschend klärt und entspannt.

Steiner hat anschließend an den zitierten Vortrag ab 1910 in seinen *Mysteriendramen* die „Schöpfung aus dem Nichts“ in exemplarischen Schicksalsbildern illustriert. Er folgte damit dem Vorbild Goethes in dessen *Märchen von der grünen Schlange und der schönen Lilie*, dessen Protagonist, der „Jüngling“, drei Königen begegnet, die ihn mit Weisheit beschenken, mit einem Gefühl für das Schöne und mit Sozialkompetenz: mit Gold, Silber und Erz. Ich bemühe mich, Goethes Märchenbilder, die Ereignisse in Steiners *Mysteriendramen* und seine Idee von der „Schöpfung aus dem Nichts“ zusammenzudenken. Nach meinem Gefühl hat Steiner damit auf der Klaviatur der symbolischen Formen Ernst Cassirers sehr aufmunternd musiziert.

Schon bald nach dem zitierten Sommervortrag verdeutlicht Steiner seinen theosophischen Hörern, wodurch die drei Seelenglieder sich entwickeln. Die Empfindungsseele rege sich beim Abklingen einer heftigen emotionalen Reaktion auf ein problematisches Erlebnis, im vergehenden *Zorn*. Die Verstandesseele werde durch das Streben nach *Wahrheit* erzogen, die Bewusstseinsseele durch *Andacht*. Mir wird klar, dass die dogmatischen Streitigkeiten des christlichen Mittelalters mit ihren Konzilsbeschlüssen und wechselseitigen Bannflüchen, dass alle Religionskriege Schattenwürfe des Suchens nach dauerhaft gültiger Wahrheit sind. Das Mittelalter sucht Definitionen, stabile Begriffssysteme, eine eindeutige Sichtweise. Das beginnende Zeitalter der Bewusstseinsseele, in dem wir jetzt leben, arbeitet mit wechselnden Perspektiven, mit Respekt vor Vieldeutigkeiten[37] und in der Gewissheit, dass es niemals endgültige Wahrhei-

---

37 Thomas Bauer: Die Vereindeutigung der Welt. Über den Verlust an Mehrdeutigkeit und Vielfalt. 7. Aufl. Ditzingen 2018.

ten geben wird. Es stellt alle Traditionen in Frage und kritisiert Autoritäten. Wissenschaftliche Forschung, da, wo sie wirklich vorankommt, geht behutsam vor, geduldig, mit Respekt vor den immer wieder neuen Rätseln ihres Beobachtungsfeldes. Steiners „Andacht" scheint mir ein passendes Wort für dieses zeitgemäße Bemühen zu sein.

Mir geht auf, dass inzwischen weit über den Bereich des wissenschaftlichen Forschens hinaus das Schulungsmittel der Andacht zu praktischer Anwendung kommt: in einer weltweiten Bewegung für das Lebensprinzip der *Achtsamkeit.* Der amerikanische Biologe Jon Kabat-Zinn und andere haben dem Staunen über die Wunder der Welt, das schon länger in der Tradition aller Hochreligionen einen hohen Stellenwert besaß, ein für viele Menschen überzeugendes theoretisches Fundament verschafft und daraus Übungssysteme wie die *Achtsamkeitsbasierte Stressreduktion (Mindfullness-Based Stress Reduction, MBSR)* entwickelt. Achtsamkeit als elementare Lebenshaltung ist der seelische Kern aller Umwelt-Aktivitäten der Gegenwart. Steiner darf mit seiner Idee der Andacht als Schulungsmittel im Zeitalter der Bewusstseinsseele als Wegbereiter dieser Bestrebungen betrachtet werden.

9. Der große Umbruch nach Corona

Besonders ergiebig für mich war mein kleiner Hindernislauf durch die Geschichte der Mentalitäten für die Enträtselung der Probleme, die neuerdings im Zuge der Diskussionen über die Corona-Pandemie zutage getreten sind. Klaus Schwab, der Begründer des Weltwirtschaftsforums (*World Economic Forum)* mit seinen alljährlichen Tagungen in Davos, hat schon vorher, im Jahre 2016, in seinem Buch über *Die Vierte industrielle Revolution* und dann jetzt – noch publikumswirksamer – in seiner Programmschrift *The Great Reset* Szenarien entworfen, in denen die Schatten alter Zeiten noch ein weiteres Mal sichtbar werden, in besonders tückischer Form.[38] Er beeindruckt mich mit einer Fülle von Informationen aus der Welt der technischen Veränderungen, die im neuen digitalen

---

38 Deutsch: Klaus Schwab: Covid 19: Der große Umbruch. 2021.

Zeitalter auf uns zukommen. Und er hat wohl recht damit, dass diese Veränderungen nicht aufzuhalten sind. Auch warnt er vor gewissen Gefahren, die damit verbunden sind. Zugleich verkündet er eine überwältigende Botschaft, verziert mit blumigen Appellen zur Mobilisierung eines umfassenden Gemeinsinns: Wir, die kompetenten Lenker der Weltwirtschaft, wissen, wie es weitergeht, und laden euch ein, dabei vertrauensvoll mitzuspielen.

Hinter dieser im Nebel schöner Worte versteckten Programm-Erklärung verbergen sich Tatbestände, die für mich nur dadurch verdaulich werden, dass ich eine weitere Idee Rudolf Steiners zu Rate ziehe. Wir sind gewohnt, das Böse als Feind des Guten zu betrachten. Eine sehr moderne Zuspitzung dieser traditionellen Auffassung trat nach der New Yorker Katastrophe vom 11. September 2001 in Erscheinung, als Präsident George W. Bush zu einem Krieg gegen islamistischen Terror aufrief, gegen die *Axis of Evil.* Dem steht, einstweilen noch weniger weit verbreitet, die revolutionäre ethische Idee des Guten als eines dauernd gefährdeten Zustandes des Gleichgewichts entgegen, des Gleichgewichts zwischen zwei das Leben der Welt in polarer Gegensätzlichkeit durchdringenden Kräften, die für uns Menschen hilfreich sein, die uns aber auch auf gefährliche Weise in die Irre leiten können. Steiner fand sie bei Goethe, seinem großen Vorbild, der bekanntlich seine naturwissenschaftlichen Entdeckungen höher schätzte als seine Dichtungen. Dieser hat die Erscheinungen der Welt immer wieder in *Polaritäten* gesehen und geordnet, in einem Hin und Her von Gegensätzen, die sich wechselseitig beleuchten und „steigern". Mir fällt auf, dass Ernst Cassirer, als er sein Beispiel vom Linienzug einführt (siehe oben, Kapitel 4), den Ausdruckscharakter dieser grafischen Figur als erlebte Polarität im Sinne Goethes zu fassen versucht. „Das Auf und Ab der Linien im Raume fasst eine innere Bewegtheit, ein dynamisches Anschwellen und Abschwellen, ein seelisches Sein und seelisches Leben in sich. Und hierbei fühlen wir nicht nur unsere eigenen inneren Zustände in subjektiv-willkürlicher Weise in die räumliche Form hinein: Sondern sie selbst gibt sich uns als beseelte Ganzheit, als selbständige Lebensäußerung. Ihr stetes und ruhiges Dahingleiten oder ihr unvermitteltes Abbrechen, ihre Rundung und Geschlossenheit oder ihre Sprunghaftigkeit, ihre Härte oder Weichheit: das alles tritt an ihr selbst, als Bestimmung ihres eigenen Seins, ihrer objektiven ‚Natur' heraus."[39] Die hiermit charakterisierte Polarität räumlicher Bewegungen – hart / weich, kontinulierlich / sprunghaft, geschlossen / unterbrochen – finde ich in den „Gedankenformen", mit denen Steiner in seinem vierten *Mysteriendrama* „luziferische" und „ahrimanische" Geister eurythmisch tanzen lässt, in Kreisen, Schleifen und Spiralen die einen, in geraden Linien mit abrupten Brüchen die anderen. Die gleiche Polarität erscheint in der klassischen ersten Unterrichtsstunde der neuen Waldorfschule als elementare Einführung in die Kunst des Schreibens. Die Kinder erforschen in einem ersten, behutsamen Gespräch mit ihrer Lehrerin, was „die Krumme" und die „Gerade" miteinander tun. Steiner hat die universalen Kräfte, die sich dabei entdecken lassen, mit den alten Namen *Luzifer* und *Ahriman* bezeichnet. In seinem hier schon erwähnten ersten *Mysteriendrama* erscheinen sie dem in Meditation versunkenen Protagonisten, dem Maler Johannes Thomasius, in imaginativer Form und formulieren in wenigen konzentrierten Sätzen, was sie im Weltgeschehen leisten. Im weiteren Verlauf der Handlung

39 Ernst Cassirer a. a. O., S. 228.

zeigen sie sich dann als Mächte des Widerstands auf den spirituellen Übungswegen engagierter „Geistesschüler". Wenige Jahre später gestaltet Steiner die beiden Mächte als Elemente einer noch bis heute erhaltenen Holzplastik, die im Zentrum des Festspielhauses in Dornach, des Goetheanum-Baus, stehen sollte. Er selbst hat sie wie Personen erlebt, und so lässt er sie auch in seinen *Mysteriendramen* auftreten. Luzifer, so sagt er, der Lichtbringer und Herr aller Künste, zeige sich gern und lasse sich gern bewundern. Anders der finstere Ahriman. Er entziehe sich der Darstellung mit allen Kräften. Ich bin nicht imstande, die beiden Mächte wie Personen zu erleben. Sie als wirksame Kräfte zu beobachten in allem, was sich um mich herum abspielt, fällt mir leicht und versöhnt mich mit mancher Unannehmlichkeit meines Alltags.

Mir ist längst klar, dass ich mich dabei ständig einem Risiko aussetze. Die beiden Mächte beeindrucken mich mit immer wieder neuen Überraschungen. Sie fordern mich dazu heraus, ihnen mit eigenen Einfällen zuvorzukommen, und das gelingt natürlich nicht immer. „Übe Geist-Besinnen / Im Seelengleichgewichte": Mit dieser Meditationsformel ermahnt der Grundsteinspruch, den Steiner seinen Schülern bei der

Neubegründung der Anthroposophischen Gesellschaft vor jetzt hundert Jahren anvertraut hat, jeden Menschen, der selbst verantworten möchte, was er tut. Ein Gleichgewichtszustand zeichnet sich dadurch aus, dass er jeden Moment verloren gehen kann, immer wieder neu hergestellt werden muss. Es wäre einfacher für mich, wenn ich mich an vorgegebene Regeln, an eingespielte Gewohnheiten, an Autoritäten irgendeiner Art halten könnte, an die Sprachregeln der *political correctness* zum Beispiel oder an die simplen Vorschriften der modernen *cancel culture.* Bei den Debatten der Corona-Krise wird mir klar, warum so viele unserer Zeitgenossen dazu neigen, die Verantwortung für ihr Verhalten beim Staat abzuliefern und sich gern gefallen zu lassen, was dessen Vertreter ihnen nahelegen.

Ich versuche, den Weltlehrer Klaus Schwab und seine Vision eines *Great Reset* vor diesem Hintergrund zu verstehen. Steiner charakterisiert Ahriman als einen Meister der Täuschung. In der Vision vom *Great Reset* versteckt der Geist der Finsternis sich hinter mehreren Schleiern oder Fassaden. Klaus Schwab zeigt sich offen für Gegenargumente jeder Art, so als bestehe völlige Diskussionsfreiheit und als sei nichts irgendwie festgelegt. Er betont, dass er und die mit ihm verbündeten Führungskräfte nur das Beste wollen. Er bittet aufrichtig um Vertrauen in die Fürsorglichkeit staatlicher Organe. Und er sieht vieles erstaunlich positiv. Alle beklagen doch die traurigen Zustände in der Massentierhaltung. Die Landwirte legen doch schon Blühstreifen an am Rande ihrer pestizidverseuchten Äcker. Kaum noch jemand befürwortet die Auswüchse des Neoliberalismus in der Wirtschaft. Gesundheit, Wohlergehen, Wellness für alle werden einmütig angestrebt. Die Corona-Krise sei ihrem Wesen nach im Vergleich zu früheren Pandemien kein großes Problem, nur ein willkommener Anlass für die überfällige Neubesinnung.

Unbeleuchtet bleiben hinter diesen Schleiern des Wohlwollens gut bekannte, ganz andere Tatbestände: die alles durchdringende Herrschaft von Profitinteressen, die sorgfältig gepflegte Beständigkeit ererbter Privilegien, die Rolle des Lobbyismus in den Parlamenten, eingespielte Verhaltensweisen in der Verwaltung, darunter eine enge Kumpanei mit Interessengruppen, stabile, wenn auch durchaus fragwürdige Paradigmen in Forschung und Wissenschaft, die beunruhigende Auffassung, dass es zur Bewältigung einer Krise notwendig sei, den Leuten Angst einzujagen.[40] Für mich besteht kein Anlass, Verschwörungen hinter alldem zu vermuten. Für alles, was sich da abspielt, sind keine geheimen Verabredungen nötig. Die maßgeblichen Akteure werden von Zwängen gelenkt, aus denen sie sich nicht befreien können.

Klaus Schwab plädiert für eine „wirksame globale Ordnungspolitik".[41] Dieses weltweit nötige Eingreifen soll die Entfaltung fortschrittlicher Technologie begleiten, die unaufhaltsam auf uns zu kommt. Eine „robotergestützte Prozessoptimierung (RPA)", wie sie etwa in der Autoindustrie schon praktiziert wird und sich in der Corona-Krise bewährt hat, wird alle Bereiche der Wirtschaft umgestalten.[42] Die während der Corona-Krise in der industriellen Fertigung einzuhaltenden Abstandsregeln haben das „Internet der Dinge (IdD)" beträchtlich gefördert. „Manche Unternehmen, die in der jüngsten Vergangenheit vor den Lockdowns nur zöger-

---

40 Rainer Mausfeld: Angst und Macht. Herrschaftstechniken der Angsterzeugung in kapitalistischen Demokratien. 4. Aufl. Frankfurt a. M. 2020.

41 Covid-19: Der große Umbruch, a. a. O. S. 131.

42 Ebd. S. 185f.

lich das IdD eingeführt hatten, gehen jetzt massenhaft dazu über und zwar mit dem konkreten Ziel, so viele Dinge wie möglich ‚online' zu erledigen. Gerätewartung, Lagerverwaltung, Lieferantenbeziehungen oder Sicherheitsstrategien: All diese verschiedenen Tätigkeiten können heute (zu einem großen Teil) über den Computer ausgeführt werden. IdD bietet Unternehmen nicht nur die Möglichkeit, die Social Distancing-Regeln durchzusetzen und einzuhalten, sondern auch Kosten zu senken und flexiblere Abläufe umzusetzen."[43] Die während der Pandemie unvermeidbaren Maßnahmen zum Abstandhalten werden seiner Überzeugung nach erhalten bleiben. „Tatsächlich eignen sich Automatisierungtechnologien besonders gut für eine Welt, in der sich Menschen nicht zu nahe kommen dürfen oder bereit sind, ihre Interaktionen zu reduzieren."[44] Wer unsere Welt so merkwürdig verändert hat, dass die Menschen darin sich „nicht zu nahe kommen dürfen", und woran sich erkennen lässt, dass sie freiwillig bereit sind, „ihre Interaktionen zu reduzieren", braucht nicht erörtert zu werden. Es ist halt so.

---

43 Ebd. S. 208.

44 Ebd. S. 183.

Gestützt wird das alles durch eine unaufhaltsam wachsende *Digitalisierung* aller Lebensvorgänge. Ich mache mir demgegenüber klar, wie schon das alltägliche Fernsehen mein Wahrnehmungsvermögen verändert. In freier Natur wird der kontinuierliche Fluss des natürlichen Sehens und Hörens nur in einem Ausnahmefall unterbrochen: während eines Gewitters, wenn es blitzt. Auf dem Bildschirm geschieht das ständig, inzwischen mehrfach während einer Sekunde, durch einen Bildschnitt. Mein Wahrnehmen wird dabei anhaltend fragmentiert, in kleine Teile verhäckselt. Dadurch wird meine Wachheit gesteigert. Ich lerne, Bilder blitzschnell aufzufassen, ähnlich wie ich beim Autofahren im Konvoi durch die Bremslichter vor mir aufgeweckt werde. Zugleich wird dabei das freie Bilden von Beziehungen zwischen den Dingen (siehe oben, Kapitel 4) so gut wie völlig blockiert. Mein persönliches Denken und Wahrnehmen wird ausgeschaltet, und nicht nur für vorübergehende Momente, sondern oft über viele Stunden oder ganze Tage. Ich werde deshalb nicht auf die Nutzung digitaler Hilfsmittel verzichten, mich aber doch bemühen, sie auf Unentbehrliches einzuschränken.

Im Bildungswesen führt die Digitalisierung zu einer umfassenden Dominanz *vorgefertigten* Wissens. Kinder lernen, von Experten definierte Informationen zu speichern. Sie lernen dabei nicht, aus eigener Wahrnehmung und eigener Intuition zu selbstverantworteten Erkenntnissen zu gelangen. Einer der klügsten unter den maßgeblichen Journalisten in Deutschland, Jürgen Kaube von der *FAZ*, macht nach gründlicher Recherche darauf aufmerksam, dass die bildende Wirkung digitalisierten Schulunterrichts ein kühner Traum ist, alles andere als wissenschaftlich einwandfrei gesichert.[45] Anthroposophisch orientierte Medienforscher wie Heinz Buddemeier, Rainer Patzlaff und Edwin Hübner haben die verbreitete Euphorie, von der die Digitalisierung im Bildungswesen vorangetrieben wird, eingehend kritisiert.[46] Besonders einleuchtend war für mich dabei der Gedanke, wie die viel beschworene „Medienkompetenz" zu

---

45 Jürgen Kaube: Ist die Schule zu blöd für unsere Kinder? Berlin 2019.

46 Edwin Hübner: Menschlicher Geist und Künstliche Intelligenz. Die Entwicklung des Humanen inmitten einer digitalen Welt. Stuttgart 2020. Rainer Patzlaff: Die Sphinx des digitalen Zeitalters. Aspekte einer Menschheitskrise. Stuttgart 2021.

erreichen sei: nicht dadurch, dass ich programmieren lerne und weiß, wofür ich welche Schaltflächen anzuklicken habe, sondern durch den Erwerb einer zweckmäßigen *Urteilskompetenz.* Die aber lässt sich nicht am Bildschirm gewinnen, sondern nur durch eigenes Wahrnehmen und eigene Intuition in einer unmittelbar, oder wie jetzt gerne gesagt wird, in einer *analog* erfahrenen Welt. Edwin Hübner hat in diesem Sinne für eine „indirekte" Medienpädagogik plädiert, die den Nutzer digitaler Medien gegen deren abgründige Gefahren, die schon jetzt überall sichtbar werden, zuverlässig schützen kann.[47]

Dass mit fortschreitender Digitalisierung die zentrale Erfassung personenbezogener Daten ins Unermessliche steigt, hält Klaus Schwab für unvermeidbar und in vieler Hinsicht doch auch hilfreich. Die Algorithmen weltweit installierter Überwachungsanlagen werden über unsere Wünsche und sogar über unsere wirklichen Bedürfnisse besser Bescheid wissen als jeder Einzelne für sich selbst. Warum sollten wir uns ihnen nicht anvertrauen? Dem gegenüber überzeugt mich

---

47 Edwin Hübner: Anthropologische Medienerziehung. Grundlagen und Gesichtspunkte. Frankfurt a. M. 2005.

Giorgio Agamben mit seiner Diagnose, dass während der Corona-Pandemie durch die einseitige Fixierung der Aufmerksamkeit auf das bloße Überleben die wissenschaftlich fundierte vorherrschende Richtung der Medizin zur Religion geworden sei.[48] Beunruhigend finde ich die Feststellung des Philosophen Byun Chul Han, dass sich hinter der Scheinfreiheit der Internet-Kommunikation eine „Infokratie" entwickelt, der wir uns zwanglos anvertrauen. „Je mehr wir Daten generieren, je intensiver wir kommunizieren, desto effizienter wird die Überwachung."[49] Den bekannten Thesen des Physikers Michael Esfeld, immerhin Mitglied der Leopoldina und der Deutschen Akademie der Wissenschaften, wünsche ich weite Verbreitung.[50] Für mich ist der Überwachungsstaat George Orwells – „Big Brother is watching you" – harmlos gegenüber der versteckten Macht Ahrimans und seines Gefolges, die in den angeführten Diagnosen zu Tage tritt.

---

48 Giorgio Agamben: An welchem Punkt stehen wir? Die Epidemie als Politik. Wien 2021.

49 Byun Chul Han: Infokratie. Digitalisierung und die Krise der Demokratie. Berlin 2021, S. 12.

50 Zusammenfassend Michael Esfeld: Die Rückkehr des Kollektivismus. In: Das Goetheanum 22. 10. 2021, S. 7–13.

Übrigens gehört es zu den Eigenarten des Geistes der Finsternis, wie Steiner ihn beschreibt, dass er Widersprüche schätzt und sich gern auch selbst verspottet. Ist es ein Zufall, dass das so hilfreiche und unverzichtbare Internet als *World Wide Web* bezeichnet wird? Ahriman sitzt darin wie die Spinne im Netz. Wir zappeln an seinen unsichtbaren Fäden.[51] In der Dornacher Holzplastik sitzt er in einer Höhle unterhalb des „Menschheitsrepräsentanten". Ein uns allen vertrautes Bild dafür ist das @-Zeichen unserer PC-Tastatur. Mit dem Eintippen jeder e-mail-Botschaft ehren wir Ahriman.

---

51 Frank Schirrmacher: Ego: Das Spiel des Lebens. 2013.

10. Schatten auch bei den Anthroposophen

Als Schüler und Verehrer Rudolf Steiners darf ich mich darüber freuen, in welcher erstaunlichen Breite sich dessen Ideen auf allen Lebensfeldern der Gegenwart bemerkbar machen. Mehr als 80 000 Schüler an Waldorfschulen gibt es allein in Deutschland, komplementärmedizinische Arztpraxen und Kliniken, Demeter-Bauernhöfe, Gemeinwohl-orientierte Banken – in den Medien ist so gut wie jeden Tag davon die Rede – wenn auch längst nicht immer zustimmend. Der riskante Entschluss des renommierten Wissenschaftsverlags *frommann-holzboog*, unter der Federführung von Christian Clement eine erste Kritische Ausgabe der Schriften Steiners herauszugeben, war ein voller Erfolg.[52] Aber gerade an der ausgedehnten internen Diskussion

52 Siehe dazu die umfangreiche Sammlung von Rezensionen unter www. Rudolf Steiner Kritische Ausgabe (SKA)/ Bibliographie.

über den Sinn dieser Ausgabe zeigt sich auch, wie sehr die engagierten Träger der anthroposophischen Bewegung bisher unter sich geblieben sind; wie schwer es ihnen fällt, mit Menschen von außerhalb ins Gespräch zu kommen. Steiner hat das, als sein erster Goetheanum-Bau durch Brandstiftung vernichtet worden war, zwei Jahre vor seinem Tode, mit großer Sorge verfolgt. In den endlosen Diskussionen mit dem Stuttgarter „Dreißiger-Kreis", dem viele seiner engsten Mitarbeiter angehörten, tadelte er eine elitäre Arroganz und die mangelnde Bereitschaft, sich auf Gespräche mit Andersdenkenden einzulassen. In seinem Bericht über die dramatische Delegiertenversammlung der Anthroposophischen Gesellschaft im Februar 1923 schreibt er: „Es war keine Neigung vorhanden, sich mit der Welt auseinanderzusetzen. Und auseinandersetzen muss man sich mit der Welt, wenn man ihre Mitarbeit, nicht ihre Gegnerschaft haben will." Deshalb werde es auch immer schwerer, Lehrer für die Waldorfschule zu finden. „Warum? Weil die Einkapselung System geworden ist."[53]

Lorenzo Ravagli hat in einer umfangreichen

---

53 Das Schicksalsjahr 1923 in der Geschichte der Anthroposophischen Gesellschaft. GA 259, S. 382.

Reportage über die – von heute aus gesehen – absurden Streitigkeiten berichtet, mit denen sich die Schüler Rudolf Steiners hundert Jahre lang gegenseitig behindert haben, in bizarre Umgangsformen verstrickt, wie im Mittelalter. Er untersucht die Mythenbildungen, die dabei eine Rolle gespielt haben, die Fiktion vom Weiterbestehen des „esoterischen Vorstands" am Goetheanum, die chiliastischen Spekulationen über ein Wiedererscheinen des großen Lehrers.[54] Ich werde mich darauf einzustellen haben, dass die Schatten des Zeitalters der Verstandes- und Gemütsseele noch für längere Zeit in weiten Teilen der anthroposophischen Bewegung das Erwachen der Bewusstseinsseele verdunkeln werden. Glücklicherweise gibt es gute Gründe dafür, sich darüber nicht zu wundern und verständliche Bedürfnisse nach Geborgenheit und Führung von oben auch unter Anthroposophen geduldig zu tolerieren.[55]

---

54 Lorenzo Ravagli: Selbsterkenntnis in der Geschichte. Anthroposophische Gesellschaft und Bewegung im 20. Jahrhundert. 3 Bde. 2021f.

55 Vgl. Johannes Kiersch: Anthroposophie als Religion: Wirkungen einer Lebensform. In ders.: In „okkulter Gefangenschaft?" Von der gewordenen zur werdenden Anthroposophie. Dritte Aufl. Frankfurt a. M. 2018, S. 99–114.

11. Und wie geht es jetzt weiter?

Der tschechische Dissident und spätere Staatspräsident Václav Havel hat nach seinem ersten Gefängnisaufenthalt ein kleines Buch über *Die Macht der Machtlosen* (Moc Bezmocných) geschrieben, in welchem er das Staatssystem des „real existierenden Sozialismus", in dem er lebte, charakterisiert. Es handele sich, so seine grundlegende Einsicht, nicht um eine gewöhnliche Diktatur, sondern um ein ideologisch fundiertes Konstrukt von Lügen, das nur so lange bestehen bleiben würde, wie alle Beteiligten mitspielen. Wie beiläufig kommt Havel zu der Erwägung, ob nicht das „graue und leere Leben", das er um sich wahrnimmt, „nur eine Karikatur, ein zugespitztes Bild des modernen Lebens überhaupt" sei. „Sind wir nicht eigentlich", schreibt er, „in Wirklichkeit eine Art Memento für den Westen, indem wir ihm seine latenten Richtungstendenzen enthüllen?"[56] Mit seiner anschließenden Beschreibung solcher Richtungstendenzen entwirft Havel ein prophetisches Bild der Lage, in der wir uns heute, viele Jahre nach der „samtenen Revolution" in Prag, in ganz Europa befinden. Wegweisend finde ich sein abschließendes Plädoyer für einen geduldigen Aufbau von „Parallelstrukturen" unterhalb des etablierten Systems, für die „Hinwendung der politischen Aufmerksamkeit auf den konkreten Menschen".[57]

Die Schüler Rudolf Steiners scheinen in dieser Denkrichtung auf einem guten Weg zu sein, wenn sie aus eigener Verantwortung nach dem Leitwort von der „Schöpfung aus dem Nichts" arbeiten und sich dabei in autonomen Lebensgemeinschaften zusammentun. Selbst ein Kritiker wie Helmut Zander, der an Steiners Anthroposophie kein gutes Haar lässt, gesteht mir und meinen Freunden zu, dass wir das gegenwärtig überall verbreitete Bedürfnis nach Arbeit aus dem Ich produktiv realisieren: „Jede Waldorfschule, jeder biodynamische Bauernhof und jede anthroposophische Klinik hat ihr eigenes

---

56 Václav Havel: Versuch, in der Wahrheit zu leben. Reinbek bei Hamburg 1989, S. 26.

57 Ebd. S. 86.

Profil, sodass Anthroposophen darauf bestehen, dass jede Einrichtung eine ‚Individualität' sei. Und in der Tat machen sich Außenstehende von dieser inneranthroposophischen Pluralität oft kein angemessenes Bild. Die Anthroposophie verfügt über einen Reichtum an Facetten, von dem andere kleine religiöse oder weltanschauliche Gemeinschaften nur träumen können."[58] Wir Anthroposophen sind sicher nicht die einzigen, die lieber analog als digital leben möchten, die das Lügengewebe ahrimanisch inspirierter Mainstream-Proklamationen hinterfragen und gesellschaftliche Probleme konkret vor Ort angehen. Ich wünsche mir, dass wir uns dabei nicht isolieren, sondern gemeinsam mit Andersdenkenden neue Wege finden.

Ob das gelingt, wird davon abhängen, wie wir mit unserer Esoterik umgehen. Viele Anthroposophen, und darunter auch sehr angesehene, finden es förderlich, Steiners diesbezügliche Äußerungen, auch wenn sie aus sehr intimen Gesprächssituationen stammen und heute eines umsichtigen, wohlwollenden Kom-

---

58 Helmut Zander: Die Anthroposophie. Rudolf Steiners Ideen zwischen Esoterik, Weleda, Demeter und Waldorfpädagogik. Paderborn 2019, S. 187.

mentars bedürfen, öffentlich auszubreiten und mit naivem Pathos zu bekräftigen. Mir tut das weh. Und ich finde es schädlich. Georg Simmel, ein Pionier der modernen Soziologie, hat schon zu Lebzeiten Steiners, entgegen der Meinung, dass heutzutage alles nur Denkbare öffentlich zu besprechen sei, auf die produktive Funktion geschützter Gesprächsräume hingewiesen. „Das Geheimnis – das durch positive oder negative Mittel getragene Verbergen von Wirklichkeiten – ist", schreibt er, „eine der größten Errungenschaften der Menschheit. Gegenüber dem kindischen Zustand, in dem jede Vorstellung sofort ausgesprochen wird, jedes Unternehmen allen Blicken zugänglich ist, wird durch das Geheimnis eine ungeheure Erweiterung des Lebens erreicht, weil viele seiner Inhalte bei völliger Publizität überhaupt nicht auftauchen könnten."[59] Václav Havels „Parallelstrukturen" werden ge-

59 Georg Simmel: Das Geheimnis. Eine sozialpsychologische Skizze. In: Aufsätze und Abhandlungen 1901–1908. Bd. 2. Frankfurt a. M. 1993, S. 317ff. Siehe dazu auch Linda Simonis: Die Kunst des Geheimen. Esoterische Kommunikation und ästhetische Darstellung im 18. Jahrhundert. Heidelberg 2002, und Anne Dufourmantelle: Verteidigung des Geheimnisses. Zürich 2021.

deihen, wenn ihre Protagonisten diese Einsicht ernst nehmen.

Wir Anthroposophen könnten dazu beitragen, indem wir uns auf Steiners Wort von der „Aufgabe" besinnen, „die denkbar größte Öffentlichkeit zu verbinden mit echter, wahrer Esoterik."[60] Wie Platon in Athen, der mit weltweiter Nachwirkung seine berühmten Dialoge öffentlich verbreitete, zugleich einen geschützten engeren Kreis von Schülern um sich versammelte, mit denen er ein nicht fixierbares, in dauerndem Werden befindliches Wissen kultivieren konnte, seine „ungeschriebene Lehre",[61] so Steiner während seines letzten Arbeitsjahres in Dornach. Die neue Anthroposophische Gesellschaft sollte die intimen Gesprächsräume fördern und schützen, die Steiner in Zusammenarbeit mit Arbeitskreisen außerhalb von Dornach anregen wollte. Eine erste, vorläufige Form dafür war seine *Freie Hochschule für Geisteswissenschaft.*[62] Was dort bewegt werden sollte, war in

---

60 GA 260, S. 92.

61 Christina Schefer: Platons unsagbare Erfahrung. Ein anderer Zugang zu Platon. Basel 2001.

62 Zu den Einzelheiten siehe Johannes Kiersch: Steiners individualisierte Esoterik einst und jetzt. Dornach

keiner Weise festgelegt. Steiner beauftragte eine Reihe kompetenter Personen, die von ihm konzipierten mantrischen Meditationsanleitungen in eigenverantwortlich geleiteten „esoterischen Schulen" an der Peripherie der anthroposophischen Bewegung einzuführen. Sein Zentrum in Dornach sollte dann diese Aktivitäten miteinander in Einklang bringen, wie ein gesundes Herz den Blutkreislauf.

Lässt sich Steiners Vorhaben, das bis heute kaum verstanden worden ist, gegenwärtig aufgreifen und weiter entwickeln? Im Hinblick auf Václav Havel sehe ich Chancen dafür.

2012 und die aktualisierte Kurzfassung dieses Buches unter dem Titel: Rudolf Steiners Weg zur freien Esoterik, Dornach 2019.

Vom selben Autor

Johannes Kiersch
In „okkulter Gefangenschaft"?
Von der gewordenen zur werdenden
Anthroposophie
3. erweiterte Neuauflage, 178 Seiten,
Klappenbroschur
ISBN 978-3-95779-088-0

Anthroposophische Institutionen blühen und gedeihen. Aber das Interesse am Kern der Sache geht zurück. Der „Kulturfaktor Anthroposophie" ist in der Öffentlichkeit weit hinter seinen Möglichkeiten zurückgeblieben. Johannes Kiersch macht dafür weniger zivilisatorische Widerstände verantwortlich als vielmehr das Festhalten vieler Anthroposophen an überkommenden Denkformen. Ist so eine selbst zu verantwortende „okkulte Gefangenschaft" entstanden? Aus dieser Lage zeigt der Autor ebenso selbstkritische wie engagierte Auswege. Das Buch ist zugleich eine Lebensskizze in acht gedruckten Gesprächsbeiträgen.

Die Geheimnisse der Anthroposophie gehen einer umfassenden Erneuerung entgegen, außerhalb der Rudolf Steiner Gesamtausgabe (wenn auch in hilfreichem Zusammenhang mit ihr), auf der Grundlage völlig individueller Initiative und des ständigen Bemühens um den ‚Zusammenklang der Empfindungen', auf die uns Rudolf Steiner so eindringlich hingewiesen hat.

www.Info3.de

Weitere Titel aus dem Info3 Verlag

Mathias Wais
Ach du liebe Anthroposophie
Briefe an eine Freundin
1. Auflage 2020, 124 Seiten, Klappenbroschur
ISBN 978-3-95779-131-3

Ach Du liebe Anthroposophie – mit dieser herzlichen Anrede beginnt Mathias Wais seine Briefe an die verehrte Freundin Anthroposophie – mal kritisch hinterfragend, mal anregend, aber immer verbindlich. Denn der humorvoll anmutende Rahmen eines direkten Austauschs mit dem Wesen Anthroposophie hat einen ernsten Hintergrund: die Sorge um den Zustand eines geistigen Impulses, der heute nach Erneuerung verlangt.

Ein besinnlich-heiterer Versuch, zur nötigen Entwicklung der Anthroposophie anzuregen, der weitere Diskussionen auslösen möchte.

Verehrte Freundin, könntest Du Dich eventuell darauf einlassen, Dich selbst vergleichbar einem Kunstwerk oder einer Kunstrichtung, als eine Inspirationsquelle zu sehen, als eine unter mehreren, statt als alleinige Eigentümerin endgültiger Wahrheiten? Du, die Anthroposophie, als Kunstwerk?

Ulrich Kaiser

Der Erzähler Rudolf Steiner

Studien zur Hermeneutik der Anthroposophie

1. Auflage 2020, 280 Seiten, Klappenbroschur
ISBN 978-3-95779-111

Viele von Rudolf Steiner vermittelte Inhalte sind nicht im naturalistisch-wissenschaftlichen Sinne nachprüfbar. Für seine Anhänger wirken sie glaubhaft, weil sie von der Glaubwürdigkeit ihres Urhebers überzeugt sind, für seine Kritiker bieten sie Anlass zu grundlegender Skepsis. Hier schlägt Ulrich Kaiser einen neuen Weg ein. Er löst Steiner aus dem beengenden Vergleichsrahmen der Wissenschaft heraus und will ihn als Erzähler verstehen – nicht aber im Sinne einer beliebigen Konstruktion von Geschichten, sondern eines freilassenden und authentischen Verstehens-Angebots, das sich in der Lebenspraxis bewahrheiten mag.

Die Worte Steiners dürfen nicht in der Art eines Echos wiederholt werden, das als Antwort leer bleibt. Sie müssen verantwortet werden, indem sie sich in der Antwort zu einem Eigenen verwandeln. Indem sie Möglichkeiten aktivieren. Auch Steiners Werk muss gegebenenfalls unbequem befragt werden. Es bedarf unserer Fragen. Es muss sich durch unsere Fragen weiterentwickeln.

INFO3 VERLAG

Info3-Verlag
Kirchgartenstr. 1 – 60439 Frankfurt
Tel. 069-58 46 47 – Fax 069-58 46 16
Mail: vertrieb@info3.de
Web: www.info3-verlag.de

CHANEL

MIT EINEM TEXT VON

FRANÇOIS BAUDOT

SCHIRMER/MOSEL

MÜNCHEN • PARIS • LONDON

Es ist wie in einem Märchen aus der tausendunddritten Nacht. Chanel, für die Zahlen ganz eindeutig Glücksbringer sind, hat fünf Leben. Fünf verschiedene Einheiten, die nicht unmittelbar miteinander kommunizieren, die aber vom Anfang bis zum Ende dieses Jahrhunderts wie ein roter Faden durch den Begriff »Stil« verbunden sind; einen Begriff, der scheinbar erfunden wurde, um sich an ihren Namen zu heften. Unabhängig von den ständig wechselnden Modetrends bestimmt dieser Stil, was von Dauer ist: Klasse, Benehmen, guter Geschmack. Ohne jedoch dabei guten Geschmack jemals mit dem »Stil Chanel« gleichzusetzen.

Chanel N°1 kommt eher zufällig am 19. August 1883 in Saumur zur Welt. Ihr Vater ist Hausierer. Ihre Mutter ist ein Nichts und stirbt früh. Es gibt keine Papiere, keine Zeugen. Die allererste Chanel hüllt ihre Herkunft lange Zeit in Schweigen. Die ehrwürdigen Nonnen des Klosters von Aubazine kleiden sie – schon damals – schwarz. Gabrielle, so lautet ihr Vorname, lernt in den zisterziensischen Gewölben, durch die ihre Schritte hallen, Strenge, Manieren und Einsamkeit kennen. Und die große Kunst des Schweigens – beim Nähen. Das 20. Jahrhundert klopft an die Tür. Doch in Aubazine, im Departement Corrèze, lebt man noch in der Steinzeit. Trotzdem putzt der kleine gefangene Vogel seine eisernen Federn.

Chanel N°2 hat ihren ersten Auftritt in der Garnisonsstadt Moulins. Sie singt in den Konzertcafés. Zierlich, dunkelhaarig, mit pechschwarzen Augen, ständig geblähten Nasenflügeln und einem dreieckigen Katzengesicht unterscheidet sich dieses junge Mädchen jetzt schon von den herausgeputzten Weibern und Dirnen in ihrer Umgebung, hat sich aber noch keinen Namen gemacht. Später wird sie Coco genannt. Sie hat es zu einem Künstlernamen und zu Bewunderern gebracht: junge Männer mit Geld oder Titel, die sich mit der Sorte Frauen amüsieren, die man nicht heiratet. Welche andere Perspektive gibt es für eine nette Erscheinung, die fest entschlossen ist, ihr Schicksal zu beschwören? Gabrielle-

Coco ist bereits fünfundzwanzig Jahre alt, als sie Etienne Balsan in die Nähe von Paris folgt. Balsan ist ein echter Mann von Welt, ein »Anti-Snob«, der sie mindestens so respektiert wie seine Vollblutpferde, die er mit Hingabe züchtet. Chanels zweites Leben läßt sich nicht von der Welt der Pferde trennen, deren schönste Errungenschaft sie ist. Eine Amazone, die sich später einmal an die strenge Eleganz, die beinahe militärische Zweckmäßigkeit der Reitkleidung erinnern wird. Im Sattel ist ein Grundsatz unerläßlich: Niemals mit Gewalt arbeiten, immer mit Spontaneität und Stil ...

Den Erfolg um der Diskretion willen scheuen. Das hat die Hohe Schule mit der Haute Couture gemeinsam, wie Chanel sie später verstehen und an ihre Vertrauten weitervermitteln wird – als eine unauffällige Eleganz. Ein sehr englisches und sehr maskulines Prinzip. Wer hätte sich das besser zu eigen machen können als Gabrielle, im Dunstkreis der sportlichen Männer, mit denen sie damals verkehrte. Einer von ihnen, schöner und eindrucksvoller als die anderen, ist Boy Capel; er wird ihr Geliebter. Besser gesagt ein Freund, der durch seinen zu frühen Tod ihre große unerfüllte Liebe wird. Chanel wird nie ein normales Leben führen. Aber da auch Boy Capel zu der neuen Gesellschaft gehört, die bald aus dem Großen Krieg hervorgehen soll, begreift er sehr schnell, daß die schöne und kluge Coco eigentlich nur die Arbeit liebt. Arbeiten, um frei zu sein – aber nicht in der Horizontalen. Die junge Frau will ihre Hände, ihren Verstand, ihren Geschmack und ihre ganz eindeutigen Abneigungen gebrauchen. Es ist entschieden, Chanel wird Modistin.

Der gutmütige Balsan überschreibt ihr eine Parterre-Wohnung. Coco verwandelt sie in ein Atelier. Die anderen Frauen, die noch immer das schöne Leben mit besagten Männern genießen, tragen ihre ersten Kreationen. Im Glauben, ihr damit einen Gefallen zu tun. Und ohne zu merken, daß sich in dieser ständig verändernden Welt eigentlich nur Coco auf der richtigen Seite befindet. Auch wenn man sich über ihre Strohhüte lustig macht, die nur eine einzige Schleife aus schwarzem Rips schmückt. Auch wenn ihre abgewandelten Collegekleider simpel wirken im Vergleich zu den aufgetakelten, mit Spitzen, Perlen und Brillanten gepanzerten Dirnen, die in der Gegend des Maxim's aufkreuzen. Intuitiv findet sie nach und nach zu einem Konzept, das eine gute Zukunft verspricht: Jugendlichkeit.

Chanel N°3 kann kommen. Sie ist reifer und schöner geworden und will sich jetzt – nicht zufällig – an den Ufern der Manche durchsetzen: bei den Männern und den Pferden, am Meer, in Deauville... wenige Monate vor dem Krieg: »Gabrielle Chanel« steht in großen Buchstaben auf einer Markise, es ist der Name einer Boutique für elegante Hüte. Doch schon bietet die junge Modistin neben ihren extrem vereinfachten Kopfbedeckungen verschiedene diskrete Accessoires an, die Matrosenanzüge oder Arbeitskleidung zum Vorbild haben. Diese bequemen, kaum strukturierten Teile für Beruf und Sport wenden sich an eine Art von Frau, die noch gar nicht existiert – außer in ihrer Schöpferin. Anstatt in Paraderüstung auf den Bällen oder in den Casinos der Kurstädte zu schwitzen, läßt sie lieber ihre Haut beim Sport, an der frischen Luft und beim Bad im Meer atmen. Als privilegierte Partnerin von Männern, die sich von ihr ohne Argwohn als ihresgleichen behandeln lassen. Bis Chanel sehr bald beweist, daß sie ihnen überlegen ist. Sie ist schlank, androgyn und gebräunt ... im Studenten-Gabardine, in der Matrosenbluse der Fischer, in weißem Drillich, in dunklem Trikot, im buntgemusterten Jersey ... Mit diesen Stoffen, die sie den Kleiderschränken der einfachen Leute entlehnt, erfindet Coco in einem Rock, der kürzer ist, damit sie schneller gegen den Strom der Konventionen anschwimmen kann, heimlich, still und leise den Stil, den Chic, eben das Zeitalter von Chanel. Picasso, der es wissen muß, hat schon *Les Demoiselles d'Avignon* gemalt. Strawinsky komponiert *Le Sacre du Printemps*. Diaghilew kommt mit seinen Ballets Russes. Sie alle werden eines schönen Tages ihre Freunde oder ihr zu Dank verpflichtet sein.

Wer von denen, die sie spöttisch beobachten, hätte denn schon in diesem Augenblick geahnt, daß diese einfache und immer einsame, zarte Gestalt mit ihrem erstaunlichen Eigensinn, ihrem Geschick, unbemerkt vorbeizuhuschen, und der von ihr eingeführten »Armut« für Millionäre den feinsten und mächtigsten Elitismus aller Zeiten schaffen würde: den Inbegriff für Mode und Lebensart während der folgenden fünfzig Jahre?

Was für eine Zeit! murmeln sogar die Glücklichen dieser Welt. Die Rentner, die die Einkommenssteuer entdecken. In den Fabriken ersetzen die Frauen die Männer, die an der Front sind, und haben sich dadurch emanzipiert. Ihre Zöpfe hatten sich in den Maschinen verfangen. Also wurden sie abgeschnitten. Schnelligkeit, die Aristokratie des Sports, wird zur Grundregel einer Gesellschaft, die sich mehr und mehr dem industriellen Tempo unterwirft. Symbolisch für die neuen Männer, die es immer eilig haben, ist Boy Capel. Die Liebe, das Leben – der stille Teilhaber der jungen Modistin ist das genaue Gegenteil eines Lebemanns und Müßiggängers. Als Angelsachse macht er ein Vermögen, indem er der Kriegspartei Frankreich die Kohle verkauft, die Frankreichs Lokomotiven antreibt. Dann verunglückt er am Steuer eines Sportwagens, in einer Kurve, tödlich. So wie der Schmerz der Auster die Perle hervorbringt, geht Coco gestärkt aus dieser Prüfung hervor, die sie hart macht, ihre Schale kräftigt und sie auf diese Einsamkeit vorbereitet, in deren tiefsten Tiefen sie ihre besten Waffen auf Hochglanz bringt. Die dritte Chanel ist diesmal eine gute Chanel. Sie verwischt sorgfältig alle Spuren des armen Waisenkindes, der Caféhaus-Sängerin und der Halbweltdame, die sie einmal ein bißchen gewesen ist. Da sie zehn Jahre aus ihrer Biographie streicht, ist Coco nach ihrer Rechnung immer zehn Jahre jünger als in Wirklichkeit. Als sie sich 1919 in der Rue Cambon niederläßt, ist die Zeit reif, die Modeschöpferin zu empfangen. In dem Bewußtsein, die richtige Person im rechten Augenblick zu sein, eröffnet sie eine Boutique in der Rue Cambon 21.

Man rennt ihr den Laden ein. Innerhalb weniger Jahre fügt Chanel die Hausnummern 27 und 29 hinzu, dann auch noch die Nummer 31 einer Straße, in der sich außerdem noch das Modeatelier befindet, das ihren Namen trägt. Als bedeutender Handwerkszweig in der Zeit zwischen den beiden Weltkriegen kleidet die Haute Couture eine bürgerliche und vermögende Kundschaft ein, vergleichbar mit der, die heute die Luxus-Prêt-à-Porter-Mode kauft. Sie ist Gegenstand gnadenlosen Wettbewerbs, von Fehden und beachtlichem wirtschaftlichen Einsatz. Die junge Frau versteht es, damit umzugehen und nicht selten auch zu gewinnen.

In ihrem Elfenbeinturm in der Rue Cambon besitzt Coco ein Appartement. Sie schläft dort aber nie. Darüber befindet sich das Atelier des Hauses Chanel. An der geschlossenen Tür kann man noch immer das gebieterische, zeitlose, namenlose »Mademoiselle« lesen. Wie das Resümee eines ganzen Lebens in ein paar schwarzen Buchstaben.

Sie ist entschlossen, nicht mehr an das Glück zu glauben, sich nicht mehr aus der Ruhe bringen zu lassen. Sie macht sich rar und ist damit auch sehr gefragt – Chanel N°3, noch ein wenig ängstlich und ihrer Fähigkeiten nicht ganz sicher, wird das Paris der verrückten Jahre bezaubern. Wer hätte geahnt, mit wieviel Autorität und Kraft ihr Temperament und ihre Kreationen einmal über diese Zeit bestimmen sollten? Bisher kennt Coco nur ein paar Polo-Spieler. Nun muß sie noch den Rest der Welt kennenlernen, die sich bereits ihren Gesetzen unterworfen hat.

Misia Sert, Muse des Fin de siècle, Talentsucher und -entdeckerin, überreicht Gabrielle Chanel die Schlüssel zu einem Paris, in das sie heimlich und unbemerkt eindringt. Jean Cocteau, Radiguet, die Groupe des Six und das Künstlervolk im »Boeuf sur le toit«. Dann Serge Lifar, Bérard, José Maria Sert, Cendrars, Reverdy, Dalí ... die Bourdets, die Beaumonts, die Jouhandeaus ... alle, die mit der Vergangenheit tabula rasa gemacht haben und in diesen Jahren die moderne Kunst begründen, begegnen dieser Frau, die Worth einbalsamiert, Paquin verblühen und sogar den großen Paul Poiret sterben läßt. Mit einer Handbewegung hat Coco dem weiblichen Körper seine ursprüngliche Freiheit zurückgegeben. Die Freiheit der ägyptischen Tänzerinnen, der antiken griechischen Schäferinnen und der scheuen Kinder, die in ihren Schulkitteln über die Wiesen springen. Chanel – das ist die schwarze Seite von Colette: eher Jeanne mit dem trockenen Brot als Claudine in der Schule. Ihre beiden Temperamente messen sich gegenseitig, schätzen sich und geben jedes auf seine Art zum Ausdruck, daß Frauen feminin sein können, ohne daran Bedingungen zu knüpfen. Tausende von Frauen sagten sich im gleichen Augenblick das gleiche: Der »chic pauvre« wird ihre Antwort auf das Recht des Stärkeren.

Der Stil von Chanel besteht darin, mit den schlichtesten Linien auszudrücken, daß die Art, *wie* man ein Kleidungsstück trägt, ungleich wichtiger ist als das, *was* man trägt. Daß die hübsche Silhouette mehr wert ist als ein perfektes Gesicht. Daß eine gut gekleidete Frau eine schlicht gekleidete Frau ist. Daß der Gipfel der Aristokratie darin besteht, populär zu werden. Gabrielle, die zum Erzengel der Mode geworden ist, vertritt die Meinung, daß man Jugendlichkeit nicht verordnen kann. Sie beweist sich selbst. In der Art, wie man sich setzt. In ein Auto steigt. Auf der Straße geht. Große Schritte macht. Oder den Arm hebt. Es sind eher Prinzipien als Kreationen, eher Konzepte als Äußerlichkeiten. Chanels Stil verdankt seine Langlebigkeit zu einem Großteil seiner funktionellen Logik. Seiner praktischen Dimension, der es immer gelang, sich dem Rhythmus des Zeitgeists anzupassen. Außerdem gelingt es Gabrielle Chanel seit den dreißiger Jahren auch deshalb so überzeugend, ihre Meinung durchzusetzen, weil sie sich selbst mutig als Modell für ihre eigenen innovativen Ideen nimmt. »Ich habe das sportliche Kostüm für mich erfunden«, sagt sie später. »Ich habe Mode gemacht, weil ich als erste, in und mit diesem Jahrhundert gelebt habe.« Die Modeschöpfer vor ihr waren alle nur Lieferanten.

Coco setzt sich in der Rangfolge ihren Kunden gleich, die zu treffen sie sich kontinuierlich weigert. Außer um einige von ihnen für ihr Haus und ihre Geschäfte zu gewinnen. Töchter aus gutem Hause präsentieren ihre Roben und verkaufen ihren Schmuck, nachdem sie ihren eigenen Familienschmuck an russische Prinzessinnen verschleudert haben. Dafür werden sie dann von anderen verarmten, aber reich entlohnten Aristokraten gezeichnet. Glaubt das Kind aus dem Waisenhaus, daß sie sich ihre Freiheit damit erkaufen kann, indem sie für alle bezahlt?

»Ich bin eine Lüge, die die Wahrheit spricht.« Dieses Paradox von Jean Cocteau hätte Coco Chanel als Überschrift für ihre Lebensgeschichte wählen können. Beeinflußt von ihren Männern hat sie beständig den ihr eigenen Stil verbessert. Dimitrij von Rußland, Großherzog im Exil und Vetter von Zar Nikolaus II., weiht Chanel, die Tochter eines Auvergner Straßenhändlers, in die byzantinische Pracht der kaiserlichen Ikonen ein. Zeigt ihr barocke Schmuckstücke, von denen sie sich inspirieren läßt. Um dann ihre kleinen Platzanweiserinnen-Kleidchen mit funkelnden Attrappen zu übersäen. »Das Decolleté einer Frau ist kein Safe.« In ihrem eigenen Tresor häuft die »Bäuerin von Paris« allerdings immer mehr echten Schmuck an. Diese Perlen, die sie respektlos auf einer Tweedjacke trägt. Wenn sie, hoch zu Pferde, dem Herzog von Westminster folgt. Er wird zehn Jahre ihres Lebens mit ihr teilen. Durch ihn lernt sie die Macht eines unermeßlichen Vermögens kennen. Und auch die Sonderstellung, die Distanz und die Isolation, die ein großer Name mit sich bringt. »Westminster ist die Eleganz in Person: Er hat niemals etwas Neues, ich mußte ihm Schuhe kaufen, er trägt seit 25 Jahren dieselben Jacketts.« Heute wirken diese Sätze wie reinstes Chanel. Die Modeschöpferin beendet ihre Beschreibung, indem sie bitter, aber insgeheim entzückt bemerkt: »Zu reich zu sein ist genauso schrecklich wie zu groß zu sein. Im ersten Fall findet man nicht sein Glück, im zweiten Fall kein passendes Bett.«

Aphorismen, die jetzt von den Lippen der alten Dame perlen, hatten

Coco schon gefallen, als sie noch jung war und an der Seite eines großen Dichters lebte: Pierre Reverdy. Arm, aber ein Wegbereiter aus den Kreisen der Kubisten, schenkt sie ihm lange Zeit ihre Freundschaft, Bewunderung und Unterstützung. Da dieser große Mystiker nur so vor Geist sprüht, kauft ihm Chanel etwas davon ab. In ihren Stunden der Muße schreibt sie Sinnsprüche. Der Freund korrigiert oder ergänzt sie, wofür er diskret entlohnt wird. »Wer seine Schulden zahlt, bereichert sich«, diktiert ihr ein gesunder proletarischer Menschenverstand. Für Paul Iribe gibt sie enorm viel Geld aus. Als sie ihm Anfang der dreißiger Jahre begegnet, befindet sich Chanel auf dem Gipfel ihres Ruhmes. Iribe ist eine erstaunliche Persönlichkeit, kreativ und zugleich destruktiv, ein beachtlicher Illustrator, Möbel- und Schmuckdesigner, Zeichner für Ornamentik und alle Arten von Dekoration. Er hat mit Paul Poiret, mit Jean Cocteau und den Filmemachern aus Hollywood zusammengearbeitet. An der Seite von anderen, die mehr Künstler sind als er, ist er der sprichwörtliche große künstlerische Direktor. Ihm wird zugestanden, daß er während der Dauer ihrer Beziehung einen gewissen Einfluß auf den Stil seiner Geliebten hatte. Wie zum Beispiel bei Cocos Kollektion von echtem Schmuck, angefertigt ausschließlich aus geschmeidigem Platin und reinsten Diamanten, im Jahre 1932. Diese Kometen und Karfunkel werden übrigens heute von der Juwelierabteilung des Hauses Chanel in einer Neuauflage angeboten. Da Mademoiselle Chanel mit fünfundvierzig Jahren Westminster wohl kaum mehr den so sehr erhofften Erben schenken würde, heiratete er und vermehrte sich mit einer anderen Frau. Während sich in Europa die Krise auf den Krieg zuspitzt, spielte Coco ernsthaft mit dem Gedanken, Paul Iribe zu heiraten. Mit fünfzig Jahren sah sie aus wie dreißig. Fasziniert von dieser Frau haben die besten Modephotographen sie portraitiert: Man Ray, Horst, Hoyningen-Huene ...

Ahnt sie instinktiv die Vorbildfunktion eines Mannequins mit Persönlichkeit? Eines Modells, das sich ausdrücken kann? Eine Idee, die erst viel später zu bedeutenden Entwicklungen führen soll, als nämlich in den achtziger Jahren Inès de la Fressange zum Synonym für Chanel wird und die Herrschaft über das Reich der Top-Models antritt. Mit etwas, das man damals noch nicht Kommunikationsrichtlinien nennt: Sigel, Typographie und visueller Code – das Gold, das Schwarz und das Weiß. Mit dem in ihrer Arbeit ausgeprägten Sinn für Wiederholungen, mit dem sie die Pop Art andeutet. Mit dem bewußten Einsatz einer Grammatik und eines Vokabulars, die nur ihr allein gehören. Mit ihrer maskulinen Seite und ihrer intensiven Weiblichkeit. Mit ihren kantigen, brünetten, sonnenverbrannten Formen. Mit der Sachlichkeit, die sie bevorzugt, erhebt sich Mademoiselle/Gabrielle/Coco ... Chanel in den ersten Rang der Persönlichkeiten des 20. Jahrhunderts, die die Mode und mehr noch das Weltgeschehen bestimmen.

Im Jahre 1938 malt Picasso sein Guernica. Wie ein Hellseher schreibt Michel Leiris über dieses Bild: »Alles, was wir lieben, wird sterben.« Paul Iribe erliegt bei einer Partie Tennis in Südfrankreich einer Herzattacke und überläßt so Chanel wieder einmal ihrer »splendid isolation«. Reich und berühmt, manchmal ihres Ruhmes überdrüssig, schließt sie 1939 ihr Haus. »Ich hatte geglaubt, daß man nie mehr Kleider machen würde«, erklärt sie später ungeschickt. Eine Seite in ihrer Biographie wird umgeblättert. Hier hätte die Geschichte eigentlich stehenbleiben können.

»Zahllose persönliche Prinzipien von Coco Chanel sind in den unausgesprochen geltenden Regeln verkörpert, die heute noch bestimmen, was Eleganz ist«, schreibt Cecil Beaton, der etwas davon versteht. Und zwar in *The Glass of Fashion*, einem Essay über die Lebensart, das *savoir vivre*, und damit auch über die Art, wie man sich im 20. Jahrhundert kleidet. »Heute hat sich Chanel von allen Aktivitäten in der Welt der Mode zurückgezogen«, fährt der Photograph fort (der diese Zeilen Anfang der fünfziger Jahre schreibt) und schließt dann in weiser Voraussicht: »Obwohl Chanel immer wieder bekräftigt hat, daß keine

Mode jemals wieder lebendig wird, muß man doch als Beweis für ihren seltenen und beachtlichen Sinn für das Praktische und als Anomalie in der Geschichte der Eleganz berücksichtigen, wie wenige ihrer Kreationen aus der Mode gekommen sind. Die Blumen, die sie wachsen ließ, kommen jede Saison wieder, kaum versteckt hinter jenen vagen Veränderungen, die weniger begabte Modeschöpfer ihnen auferlegt haben.« Welch gewählter Ausdruck ...

Am Ende des Alptraums der Besatzung: dieser schöne Deutsche, der sie heimlich in der Rue Cambon 31 aufsucht, ihr verlassenes Dasein bereichert und mit ihr Englisch spricht, während sie ihren Zorn hinunterschluckt. Chanel verläßt Frankreich und geht in die Schweiz. Dort bleibt sie acht lange Jahre, nur unterbrochen von kurzen Aufenthalten in Paris oder in den USA. Erst Christian Diors Triumph schreckt sie 1947 unsanft auf. Sie, die so viele Revolutionen in der Mode angeführt hat, muß jetzt ihre Restauration erleben: Unterröcke, Falten und Rüschen, Wespentaillen, knöchellange Kleider... Der New Look von Dior ist das genaue Gegenteil des »Stil Chanel«. Die ewige Wiederkehr der ewigen Frau: Königin, Filmstar oder Pin-up-Girl, sie feiern den wiederentdeckten Überfluß mit einem blendenden Feuerwerk. Nach der Befreiung kann niemand mehr etwas mit der »unterernährten kleinen Telefonistin« anfangen, die Coco entworfen hat. Die Vierte Republik ist eine wohlbeleibte Frau. Warten. Schweigen. Die Männer – die Diors, Balenciagas, Balmains, Faths – wieder einmal in dem Glauben lassen, sie könnten von neuem über das Schicksal der Frauen entscheiden. Der Schatten eines Zweifels: Sollten ihre Geschlechtsgenossinnen die Freiheit vergessen haben, die Coco ihnen versprochen hatte? Der New Look geht vorüber. Das spürt Chanel 1953, die sich wie eine sprungbereite Brillenschlange auf ihrem Sofa windet. Wieder ist die Zeit für sie.

Chanel N°4 kehrt am 5. Februar 1954 in einer eher frostigen Atmosphäre auf die Bühne zurück. Sie ist jetzt über siebzig. Ein Mißerfolg würde nicht nur eine schreckliche Enttäuschung bedeuten. Er brächte auch das Image ihrer Parfums in Gefahr, den einzigen Überresten aus dem Reich der Grande Mademoiselle. Man muß sich seiner Sache sehr sicher sein, wenn man das Glück ein zweites Mal herausfordert. In einem Alter, in dem andere lange den Ruhestand angetreten haben. Aber Gabrielle Chanel, die seit ihrer Jugend das Schicksal überlistet hat, klammert sich an ein Postulat: »Ich habe ein Vierteljahrhundert lang die Mode geschaffen und bestimmt, weil ich aus meiner Zeit war und weil es am wichtigsten ist, daß man die richtige Sache im rechten Augenblick tut. Die Mode verändert sich, aber der Stil bleibt.« Das beweist sie umgehend. Die erste Kollektion ihrer zweiten Karriere wird nicht nur eine Rückkehr, sondern eine wahre Renaissance. Natürlich sträubt sich die französische Presse. Ihre Anhänger sind dünn gesät. Dior gilt immer noch einstimmig als der Größte. Doch langsam, aber sicher setzen sich die Uhrzeiger wieder in Bewegung.

»Was gibt's Neues? Chanel.« – lautet das Titelbild von *Elle*. Die Herausgeberin dieser Illustrierten, Hélène Lazareff, ist 1945 mit vielen neuen Ideen über die Frauen aus den USA zurückgekehrt und unterstützt Chanels Stil in ihrer Zeitschrift unermüdlich. Das berühmte kleine Kostüm, das diese jetzt entwirft, gelangt so auf die Straße. Keine Kopie wird das Original je erreichen. Oder ihre unglaubliche Fähigkeit zur Wiedererneuerung. Sie ist ein wahrer Phönix. Das gilt auch noch vierzig Jahre später. Amerika begriff bereits lange vor Frankreich, daß sich das Phänomen Chanel wiederholen sollte. Amerika applaudiert und kauft. Ist es nicht auch Amerika, das jetzt über die Gesetze der Mode herrscht? Ein Jahr nach ihrem märchenhaften Comeback erobert Coco die Große mit ihrem wiedergewonnenen Image all ihre Positionen zurück. Angenehm weiche Jacken ohne steifes Futter, erstaunliche Ärmellöcher, Seidenblusen, vergoldete Ketten, Wickelröcke, gesteppte Umhängetaschen, um die Hand frei zu behalten, Spangenschuhe mit schwarzer Kappe, die den Fuß kürzer wirken läßt, Schmuckknöpfe auf den Jacken und üppig Modeschmuck auf der Brust... Und tausend weitere dieser damals originellen Ideen, die heute Allgemeingut geworden sind oder zu dem, was die angelsächsische Presse »Chanel look« tauft, ergießen sich wie eine Sturmflut über die beiden Kontinente.

Eine alte Dame mit Hut, immer breiter gemalten Augenbrauen, die sich unter der dunklen Haarlocke wölben, einem Mund wie Kassandra, die jeden der Schmach preisgibt, der nicht vor ihrer stählernen Gestalt in die Knie geht, diese Coco, die kerzengerade auf den Stufen ihrer Treppe sitzt oder sich in einem Wald aus vergoldetem Holz, lackiertem Koromandel und Bergkristallen verbirgt ... Eine klassizistische Priesterin für Strafen ohne Berufung, die bis zuletzt an ihrem Profil und ihrem Stil arbeitet. Sie spinnt, webt und schneidet wie alle drei Parzen auf einmal... Dieses schreckliche, geheimnisvoll anziehende und schöne Bild von Chanel behält die große Öffentlichkeit in Erinnerung. Die Erinnerung an eine bienenfleißige Modeschöpferin, die sich nach ihrer Rückkehr im Ritz niedergelassen hat, auf der anderen Straßenseite der Rue Cambon. Dort stirbt sie 1971, an einem Sonntag. An dem Tag, an dem ihr »Bienenstock« geschlossen hat. Ein verkehrter Abgang! Gabrielle, die ihre Vergangenheit ablehnte, wird ein beachtliches Nachleben haben.

Die Persönlichkeit einer Epoche, die Tochter ihrer eigenen Werke, die Verfechterin eines Stils lebt in dem Namen Chanel weiter. Ein Familienname, der so berühmt ist, daß er heute sowohl das Firmenzeichen eines großen Hauses als auch eine Stilrichtung verkörpert, die jeder kennt. Sechs Buchstaben stehen für eine Jahrhundertlegende, eine Zahl für ihr beständigstes Parfum. *Chanel N°5* ist und bleibt das berühmteste Wasser der Welt. Eine Essenz, die 1921 nach einem Originalrezept des Parfumeurs Ernest Beaux von der Modeschöpferin auf den Markt gebracht wurde. In seinem geradlinigen Flakon mit der auffälligen Matrikelnummer war dieser abstrakte Duft, ein geheimer Cocktail aus über achtzig verschiedenen Bestandteilen, damals eine absolute Neuheit. An einem einzigen Tag stellte Chanel damit die traditionelle Parfumindustrie in Frage. Die war aber noch nicht in Gefahr, dank der Voraussicht der Couturiers. Ihre überladenen Flakons verkündeten: *Rêve d'un soir, Trèfle incarnat, Gerbe du bonheur*, romantische Namen für florale Essenzen, die leicht zu identifizieren waren. *Chanel N°5* erinnert an keinen dieser »guten Gerüche«. Riecht nach nichts Bekanntem. *N°5* duftet einfach nach Chanel, das ist alles. Aber das genügt auch, um Mademoiselle, ihr Haus und ihr Werk weit über ihre eigene Langlebigkeit hinaus fortleben zu lassen.

Chanels fünftes Leben ist mindestens genauso erstaunlich wie ihre anderen. Aber schwieriger zu erzählen. Es ist nicht Teil der Geschichte, sondern eine eigene Geschichte. Sie entsteht von einem Tag auf den anderen neu. Im Laufe der Jahreszeiten, der Kollektionen und der klugen Erweiterungen ihres Programms. Durch jedes neue Parfum, jedes neue Schönheitsmittel, das Chanel kreiert und das dann mit diesem Sigel versehen wird, das inzwischen die ganze Welt kennt. Nach Chanels Tod haben ihr Haus, ihre Salons und ihr Atelier eine zehnjährige Phase des Dahindämmerns, der unerläßlichen Trauerarbeit erlebt. In diesen zehn Jahren zog sich ein ganzes Imperium vor dem Bild seiner Gründerin zurück, um in sich zu gehen. Um seine Rückkehr ins Rampenlicht vorzubereiten. Und zwar wieder ruhig, entschlossen und unerbittlich. »Die richtige Sache im rechten Augenblick.«

Unter der Führung von Karl Lagerfeld ließ man die anderen aus der Mode kommen und machte sich zu Beginn der achtziger Jahre daran, mit Coco Chanels Stil die Seiten der Modezeitschriften zurückzuerobern. Nach einer Regel und einem Vokabular, die er bis zur Perfektion beherrscht, verordnet Karl Lagerfeld dem Haus ein Motto, das er von Goethe übernommen hat: » Mit den erweiterten Elementen der Vergangenheit eine bessere Zukunft schaffen.«

Während viele Modehäuser nach und nach eingehen, behauptet sich der Name Chanel weiterhin an der Seite der besten Modeschöpfer unserer Zeit. Karl Lagerfeld gehört sogar zu den wenigen in der französischen Haute Couture, die mit ihrem Einfluß ein Gegengewicht zur alles verschlingenden Macht des Mailänder Prêt-à-Porter bilden. Zur höheren Ehre einer Kreation, die heute allerdings nicht mehr Paris allein vorbehalten ist, sondern einer Mode-Internationale, die auch sofort an alle Enden der Welt vermittelt wird. Indem er die Prinzipien von Mademoiselle verwirft und mit ihren Gesetzen jongliert, manchmal auch Anstoß erregt, wie kein anderer Modeschöpfer – höchstens vielleicht wie Chanel selbst – die Kunst beherrscht, nicht jedem gefallen zu wollen, gelang es Karl Lagerfeld inzwischen bei jeder seiner Modenschauen für Chanel seit 1983, zahlreiche Modelle einzuführen, die eine Verbeugung vor den Modellen von Coco darstellen. Das Publikum täuscht sich eben nicht, wenn es trotz aller Neuheit die Haute Couture- oder Prêt-à-Porter-Kollektionen, die Karl Lagerfeld geschaffen hat, als reinstes Chanel erkennt.

Die gleiche Kontinuität besteht auch bei den Parfums. Hier halten Jacques Helleu, der künstlerische Direktor der Chanel-Parfums, und Jacques Polge, die dazugehörige »Nase«, den aus Tradition hohen Standard. Und zwar sowohl bei *N°5* als auch bei den neuen Damen- und Herren-Parfums aus dem Hause Chanel. Folgerichtig heißt der neue Duft, den Chanel 1996 vorstellt, ganz einfach *Allure*. Als würde das Schöne heute seine Schuld an den langlebigen Stil von Gabrielle Chanel begleichen. Einer Frau, die einzigartig genug war, um sagen zu können, daß ihr alle anderen ähnlich seien. Als wäre Schlichtheit im 20. Jahrhundert der letzte Schlupfwinkel des Luxus.

Saint-Pierre-de-Mezoargue,
31. Januar 1995

1912
au depart
un chapeau
1916
la premiere
robe parue
en rédactionel
coco
dans son
premier
tailleur
de jersey
version
1917
un
ligne
très
nouvelle
pour
1916
les debuts di Coco
Karl Lagerfeld 91

les robes du soir feront sa gloire alors
le camelia fait son apparition sous forme de bijoux
Coco dans une de ses célèbres robes "gitane" de 1939
robe de dentelles 1938
1935 le sac est encore pochette
le "petit Chanel" 193
plus ceintré et épaules plus larges que 15 ans après
Les Années 30
à la fin des années 30 le look "Coco" est en place
Karl Lagerfeld 91

Le Triomphe de Coco
la "dame" des années 50 devient une femme moderne
le sac
les bijoux
les chaussures
le camélia
les boutons
les chaînes
tout est là!!
Coco sourit... elle a bientôt 80 ans!
une mode resolument moderne basée sur une idée du passé.
La Fin des Années 50
début des Années 60

CHANEL

Marlboro

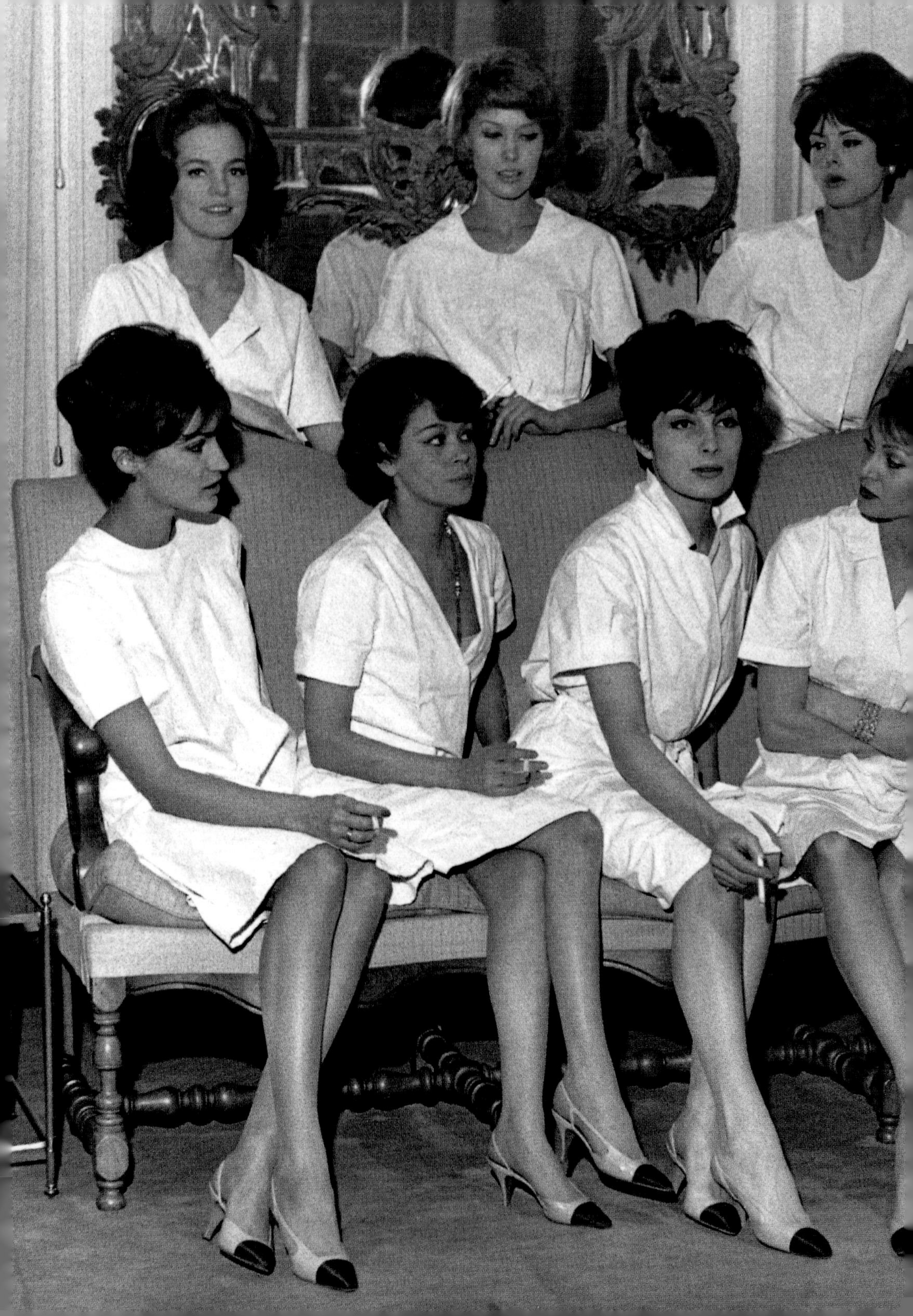

CHANEL

mit Serge Lifar vor ihrem Portrait von Cassandre

mit Boy Capel

mit Prinz Faucigny-Lucinge

mit Dimitrij, Großherzog von Rußland

mit dem Schauspieler Louis Jouvet und Serge Lifar

=

+

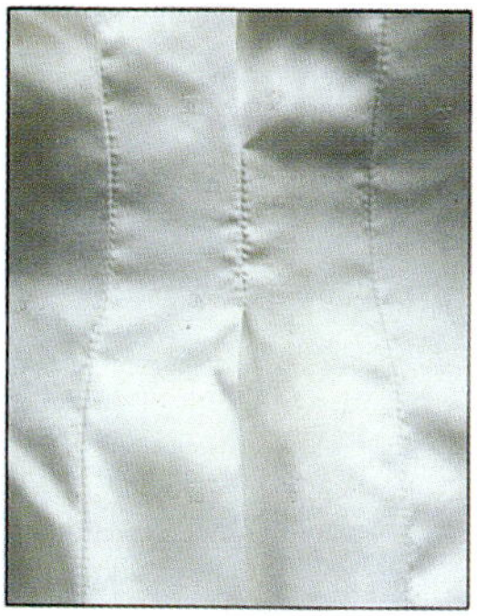

+

+

+

+

CHANEL
BOUTIQUE

N°5
CHANEL
THE MOST TREASURED NAME IN PERFUME
CHANEL

Biographie

1883 Gabrielle Chanel wird am 19. August in Saumur geboren.
1910 Chanel, die inzwischen Coco genannt wird, läßt sich in der Rue Cambon 21 nieder. Dort entwirft sie unter dem Namen »Chanel Mode« Hüte. Damals schon erregt sie großes Aufsehen in Longchamp, weil sie mit den schlichten, strengen Kostümen, die sie trägt, die nach der damaligen Mode übertrieben aufgeputzten Damen provoziert.
1913 Chanel eröffnet ihre erste Modeboutique in Deauville.
1915 Chanel eröffnet einen Modesalon in Biarritz.
1916 Chanel bringt den Jersey in Mode. Ihr erstes Modellkleid wird in *Harper's Bazaar* veröffentlicht mit der Bildunterschrift »the charming chemise dress«.
1921 Sie eröffnet ihr Geschäft in der Rue Cambon 31. Chanels erstes Parfum kommt auf den Markt, das berühmte *N°5*. *N°22* wird 1922 vorgestellt. Es folgen *Gardénia* (1925), *Bois des Iles* (1926), *Cuir de Russie* (1927), *Sycomore* und *Une Idée* (1930) und *Jasmin* (1932).
1924 Gründung der Société des Parfums Chanel.
1926 Das »kleine Schwarze« wird durch Chanel zum modischen Muß.
1928 Mademoiselle Chanel richtet ihre Wohnung in der Rue Cambon für die damalige Zeit avantgardistisch ein, indem sie Stilreinheit und Stileinheit miteinander verbindet. Chanel macht den Tweed modern. Ihre ersten Kostüme werden aus Tweedstoffen geschneidert, die extra für sie in Schottland gewebt wurden.
1929 Eröffnung einer Boutique für Accessoires in ihrem Haute Couture-Salon.
1930 Samuel Goldwyn schreibt ihr vertraglich das Recht zu, die Stars von United Artists auszustatten.
1931 Chanel entwirft die Kleider für Gloria Swanson in dem Film *Tonight or Never*, dem ersten Film, an dem sie mitarbeitet.
1934 Chanel erweitert ihre Modeschmuck-Kollektion, indem sie ein entsprechend spezialisiertes Atelier eröffnet. Comte Etienne de Beaumont und Marchese Fulco di Verdura unterstützen sie mit ihren fachlichen Fähigkeiten bei diesem neuen Unternehmen. Sie bringt die Kombination verschiedenfarbiger Steine und die langen vergoldeten Halsketten in Mode.
1935 Chanel befindet sich auf dem Höhepunkt ihres Ruhmes. Sie hat beinahe 4.000 Angestellte und verkauft im Jahr etwa 28.000 Modellkleider in alle Welt.
1939 Ausbruch des Zweiten Weltkriegs und Schließung des Modesalons Chanel. Von den ehemals fünf Geschäften in der Rue Cambon bleibt nur die Boutique in der Rue Cambon 31 geöffnet, in der Parfums und Accessoires auch weiterhin erfolgreich verkauft werden.
1954 Das große Comeback. Chanel kehrt zurück und eröffnet ihren Salon in der Rue Cambon 31 von neuem. Sie ist 71 Jahre alt und wählt für den Auftakt ihrer neuen Kollektion ein Jerseykostüm: die No5.
1955 Stanley Neiman Marcus, Inhaber der großen Modehäuser in Dallas, verleiht Mademoiselle Chanel den Mode-Oscar, mit dem sie als »einflußreichste Modeschöpferin des 20. Jahrhunderts« geehrt wird. Chanels erstes Eau de Toilette für Herren kommt auf den Markt – *Pour Monsieur.*
1959 Höchste Weihen für das Design des Flakons von *Chanel N°5*, der in New York im Museum of Modern Art ausgestellt wird.
1970 Parfum *N°19* kommt auf den Markt.
1971 Mademoiselle stirbt am 10. Januar. Ihre posthume Kollektion wird ein riesiger Erfolg.

1974 Das Eau de Toilette *Cristalle* kommt auf den Markt.
1975 Einführung von Chanels *Beauté*, einer Serie von Pflege- und Make-up-Produkten.
1978 Lancierung der Prêt-à-Porter-Kollektion »Chanel Boutique« und Accessoires. Heute gibt es weltweit etwa sechzig Chanel-Boutiquen.
1981 Chanels zweites Eau de Toilette für Herren kommt auf den Markt, *Antaeus*.
1983 Karl Lagerfeld wird künstlerischer Berater des Hauses Chanel und zeichnet in Zukunft für die Kollektionen verantwortlich. Eröffnung einer zweiten Chanel-Boutique in Paris, in der Avenue Montaigne 42. Neuauflage der Parfums *Gardénia*, *Bois des Iles* und *N°22*, die ausschließlich in der Rue Cambon verkauft werden.
1984 Das Parfum *Coco* erscheint auf dem Markt.
1986 Chanel erhält den »Goldenen Fingerhut« für die von Karl Lagerfeld kreierte Haute Couture-Kollektion Herbst-Winter 1986. Das Eau de Parfum *N°5* kommt auf den Markt und wird weltweit von Carole Bouquet repräsentiert.
1987 *Le Temps Chanel* Die erste Uhr von Chanel – *Première*, und die Eröffnung von Chanels erstem Uhrengeschäft in der Avenue Montaigne.
1988 Der »Council of Fashion Designers of America« (CFDA) verleiht dem Haus Chanel und Karl Lagerfeld den »Special Award for International Fashion Award«.
1989 Eine große Ausstellung, die Chanel gewidmet ist, findet anläßlich der Eröffnung der Mode- und Kostümabteilung im Musée des Arts Décoratifs in Marseille statt.
1990 Das Eau de Toilette für Herren, *Egoïste*, und die Uhr *Mademoiselle* kommen auf den Markt. An der Place Vendôme eröffnet ein Uhren- und Schmuckgeschäft von Chanel.
1993 Das Eau de Toilette für Herren, *Egoïste Platinum*, erscheint.
1994 Chanel lanciert den echten Schmuck. Die Uhr *Matelassée* und die Pflegeserie *Le Corps Actif* kommen auf den Markt.
1995 Ein vollkommen neues Make-up-Konzept wird vorgestellt – *Les Editions Ephémères*.
1996 Präsentation der Haute Couture-Kollektion Frühjahr-Sommer 1996 im Salon des Hotel Ritz, zu Ehren von Coco Chanel. Das Parfum *Allure* wird vorgestellt.

Bibliographie:

Coco Chanel secrète, Marcel Haedrich, Coll. *Vécu*, Editions Robert Laffont, Paris 1971.
Les Années Chanel, Pierre Galante, Mercure de France, Paris 1972.
L'Irrégulière, Edmonde Charles-Roux, Editions Grasset, Paris 1976.
L'Allure de Chanel, Paul Morand, Editions Hermann, Paris 1976.
Chanel Solitaire, Claude Delay, Editions Gallimard, Paris 1983.
Chanel, Jean Leymarie, Editions d'Art Albert Skira, Genf 1987.
Le Temps Chanel, Edmonde Charles-Roux, Editions du Chène et Grasset, Neuauflage, Paris 1988.

Chanel

Chanel vor Chanel. Seit ihrem ersten Auftritt in der Pariser Gesellschaft, Anfang des Jahrhunderts, schreibt Coco ihren Stil vor: eine sanfte, weich fließende Linie, die auf Affektiertheiten der Belle Epoque verzichten kann. Zeichnungen von Karl Lagerfeld, 1991. © Chanel.
Eine erstaunliche Aufnahme aus dem Jahr 1912: Coco, noch mit langem Haar, hat sich für einen Ball als Brautführer bei einer Dorfhochzeit verkleidet: schmale Jacke, schwarze Schleife, runder Hut – typisch Chanel. Privatsammlung.

In den verrückten 20er Jahren, der Ära des Bubikopfs, kleidet Coco Chanel die erste Frauenbewegung ein. Karl Lagerfeld zeichnete 1991 einige der Modelle, mit denen sie damals den großen Abgesang des Konformismus einläutete. © Chanel.
Coco und ihre Freundinnen sind die ersten Mannequins für ihre Kollektionen. Coco entwirft ihre Kleider funktional nach ihren eigenen Bedürfnissen. Hier, an Bord der *Flying Cloud*, mit Marcelle Meyer, der Pianistin der »Groupe des Six«, etwa 1928. Sammlung Boris Kochno.

In den 30er Jahren erwirbt Chanel »La Pausa«, eine Villa an der Côte d'Azur, wo sie die Sommer verbringt und ein einfaches, aber gepflegtes Leben führt: im Meer und in der Sonne baden, sich entspannen, – in einer Kleidung, die bis heute nicht aus der Mode gekommen ist. © Chanel.
Chanel in ihrer englischen Phase, hier mit Freundin Vera Bates, 1928. Die beiden sind zum Spaß in die Pullover und Tweedjacken des Herzogs von Westminster geschlüpft. So entsteht ganz spontan eine neue Mode. Privatsammlung.

Chanel mochte die Photographen. Schon früh erkannte sie deren nützliche Funktion für die Verbreitung ihrer Mode und ihres eigenen Images. Auf diesem Portrait von Horst ist Gabrielle 55 Jahre alt und befindet sich auf dem Höhepunkt ihres Ruhms, ihrer Macht und ihrer Schönheit. Mehr als nur eine Photographie, stellt dieses Bild den Inbegriff eines Stils dar – des Stils der 30er Jahre, so wie ihn die Zeichnungen von Karl Lagerfeld aus dem Jahr 1991 zusammenfassen. © Horst P. Horst/ R.J. Horst/Hamiltons (links), Chanel (rechts).

Die Brosche »Comète«. 1932 entwarf Chanel für die Juweliere eine phantastische weiße Schmuckkollektion aus Platin und Diamanten. © Photo von Laziz Hamani, 1995.
Coco in Begleitung von Serge Lifar im sportlichen Sommerkleid 1933 in Monte Carlo. Im Gegensatz zu den meisten Couturiers der Zeit zwischen den beiden Weltkriegen führte sie das gesellschaftliche Leben der Frauen, die sie kleidete. © Photo DR. Archives SBM.

Ein Modell aus der Haute Couture-Kollektion für Herbst-Winter 1987, entworfen von Karl Lagerfeld für Chanel, hier in einer Zeichnung von Ruben Alterio für die Zeitschrift *La Mode en Peinture* (Nr. 12): ein schwarzes Samtkleid mit weißen Perlen eingefaßt.
Androgyn, geheimnisvoll und schick: das Bild der Frau, die über die Mode herrschte, indem sie vorgab, vor ihr zu fliehen. Hier in Ferien am Lido von Venedig, 1936. © Photo V.H. Grandpierre.

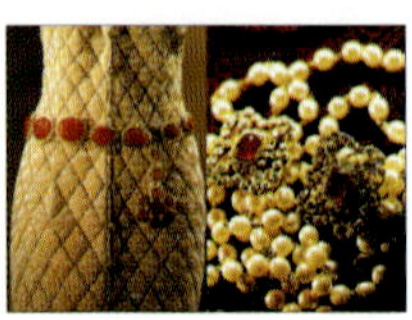

Ein äußerst kostbares Steppmuster aus feinsten Perlen, angefertigt von dem Sticker Lesage für dieses Abendkleid, das Karl Lagerfeld 1990 entworfen hat. Dazu ein Gürtel aus chinesisch inspirierten Glasmedaillons © Photo Keiichi Tahara, 1990.
Die berühmten langen Halsketten aus falschen Perlen und die Karfunkel in byzantinischem Stil, entworfen von Coco Chanel und angefertigt von der Firma Gripoux, mit denen Chanel ihre »kleinen Schwarzen« funkeln ließ. © Photo Keiichi Tahara, 1990.

Ausdruck der neuen moralischen Freiheit. Coco sitzt auf den Schultern von Serge Lifar, der damals Startänzer des Ballets Russes ist. In ihren Ferien trägt sie gern Leinenhosen und Espadrilles, vergißt dabei aber nie ihre Perlen. Ein Bild, das Karl Lagerfeld in seiner Prêt-à-Porter-Kollektion Sommer 1995 wieder aufgreifen wird – hier gezeichnet von Mats Gustafson. © Mats Gustafson, A+C Anthology (rechts), © Photo Jean Morain (links).

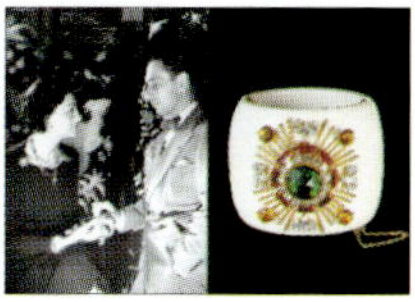

Der Marchese di Verdura, aus altem sizilianischen Adel, fertigt in den 30er Jahren einige der schönsten Schmuckstücke nach Chanels Entwürfen an. So auch dieses Manschettenarmband aus dem Jahr 1930, aus lackiertem elfenbeinfarbigen Metall mit eingearbeiteten, bunt schillernden Kristallen. Coco variiert später unermüdlich das Prinzip der »kostbaren Imitationen«, während Fulco Verdura in New York eine glänzende Karriere macht. Fond Lipnitzki. © Roger-Viollet (links), Photo D.Genet, © Chanel (rechts).

Ein Freund der großen Modeschöpferin, der Photograph Cecil Beaton, hat Coco Chanel zu Hause in ihrer Wohnung, im Erdgeschoß des Hôtel Pillet-Will, Rue du Faubourg Saint-Honoré, portraitiert, ca.1935. © Photo Cecil Beaton, mit freundlicher Genehmigung von Sotheby's, London.

Der zeitlose Stil von Chanel. Nach zehn Jahren im Exil gelingt der über 70jährigen Coco Chanel das Comeback mit Kreationen, die für Generationen das Bild der aktiven Frau prägen werden: kleines Kostüm mit Borten, gesteppte Umhängetasche, Kamelie, hauchzarte Kleider wie hier in Zeichnungen von Karl Lagerfeld. © Chanel. Rechts eines der schönsten Modelle von Mademoiselle: ein schlichtes schwarzes Kostüm, mit weißem Satin gefüttert. © Photo Frances Mac Laughlin für *Vogue*, Paris, März 1956. © DR.

Chanels Markenzeichen seit den 50er Jahren: das kragenlose Tweedkostüm, die Bluse aus Shantung-Seide mit Musketier-Manschetten und die filigranen vergoldeten Ketten. Sammlung A-H, 1958. Photo Santo Forlano, aufgenommen in der Rue Cambon. © *Vogue*, Paris, Sept. 1958.
Suzy Parker, eines der allerersten Top-Models und lange Zeit Chanels Lieblingsmannequin, trägt hier einen anderen großen Klassiker: das halblange Kleid aus drapiertem Mousseline – diskret verhüllte Erotik. Photo J.F. Clair, 1956. © Scoop/*Elle*.

Coco Chanel inmitten ihrer Fetische, im Salon ihrer Wohnung, in der sie nie übernachtete, die aber ihr Stützpunkt war. Hier empfing sie alle, die im Paris der 50er und 60er Jahre Rang und Namen hatten. Nicht ganz zu Unrecht betrachtete sie ihr berühmtes Sofa aus hellem Damhirschleder als den Mittelpunkt der Welt. Hier gab sie gern vor einem ausgesuchten Publikum ihre Weisheiten zum besten, mal witzig, mal verletzend. Auf diesem Bild mit Jeanne Moreau, 1961. Photo Giancarlo Botti. © Stills.

Coco und Amerika: eine denkbar tragische Reklame für ein kleines Kostüm von Chanel. Jacqueline Kennedy nach dem Attentat, bei dem ihr Mann, der Präsident der Vereinigten Staaten, am 22. November 1963, ermordet wurde. © UP/Bettmann.
1955 antwortete Marilyn Monroe auf die Frage neugieriger Journalisten, was sie denn zum Schlafen tragen würde – »Ein paar Tropfen *Chanel N°5*« – und schuf so unversehens einen Slogan, der um die ganze Welt gehen sollte. © Michael Ochs Archives Ltd.

Unerreichbar für viele ihrer Kundinnen, war Coco Chanel doch immer für die junge, strahlende Romy Schneider da. Filmregisseur Luchino Visconti hatte seine alte Freundin gebeten, die unerfahrene Romy Schneider für ihre Rolle in dem Film *Boccaccio 70* zu beraten, in dem sie eine exzentrische und perverse italienische Aristokratin spielt. © Starfilms.

Die Garderobe der Mannequins: Für ihre Präsentationen wählte Mademoiselle bevorzugt Töchter aus gutem Hause, die sie zwar streng, aber sehr erfolgreich wie eigene Kinder behandelte. Viele, deren Haltung auf dem Laufsteg ebenso untadelig war wie in der Öffentlichkeit, gehören heute dank ihrer guten Ratschläge zur internationalen Oberschicht. Photo Hatami, 1965. © Chanel.

Der zweifarbige Schuh. Um den Fuß kürzer wirken zu lassen, erfand Chanel Anfang der sechziger Jahre einen Schuh in zwei Farbtönen. Dieses, von dem Schuhmacher André Massaro gefertigte Modell mit Riemchen – einer der berühmtesten Schuhe der Welt – bleibt auch in seinen vielfältigen Variationen ein untrügliches Markenzeichen für den Stil von Chanel. © Photo Laziz Hamani.

Die große Treppe in der Rue Cambon führt von der Boutique in die Salons der Haute Couture und von dort in Mademoiselles Apartement. Vom Treppenabsatz aus kann man durch ein raffiniertes Spiel mit Spiegeln jede Bewegung im Haus verfolgen, den Ablauf der Modenschauen und die Reaktion der Kundinnen – etwa die von Marlene Dietrich bei einer Modenschau in den 60er Jahren, die sie auf eine der schon damals sehr begehrten Einladungen hin besuchte. © Photo Assouline (links), © Photo DR. (rechts).

Anfangs eher schüchtern, sichert sich Coco, von der ihre Bekannten sagen, daß »sie der einzige Vulkan der Auvergne sei, der noch nicht erloschen ist«, die Freundschaft oder immerhin die Sympathie einiger der bedeutendsten Persönlichkeiten des 20. Jahrhunderts. Als einzige Frau ihres Ranges in einer reinen Männerwelt, liebt sie es, die Männer zu verführen, ohne auch nur einen zu behalten. © Photo Roger Schall. © Fond Lipnitzki, Roger Viollet.

Chanel in den 90er Jahren: Unter der Leitung von Karl Lagerfeld bleibt und wird der Stil des Hauses mehr denn je wegweisend. Man sieht ihn hier in seinen Privaträumen, umrahmt von fünf Modellen aus der Haute Couture-Kollektion Sommer 1995 Bustierkleider mit Volants aus Organza nach dem Vorbild von Scarlett, der Heldin aus dem Film *Vom Winde verweht.* Photo Jean-Marie Perrier. © SCOOP/*Elle*.

Im Stil des 18. Jahrhunderts richtete Karl Lagerfeld seine Wohnung ein, die hier den Rahmen bildet für zwei Mannequins, an denen er seine Kreationen besonders gern sieht: Linda Evangelista (links) und Christy Turlington (rechts) in zwei Modellen der Haute Couture-Kollektion Herbst-Winter 1990/91. Photo Karl Lagerfeld.© Chanel.

Hommage à la grande Mademoiselle: In einer Suite des Ritz präsentiert Stella Tennant ein Chanel-Kostüm aus der Haute Couture-Kollektion Frühjahr-Sommer 1996. Coco Chanel selbst wohnte mehr als dreißig Jahre im Ritz. Photo Karl Lagerfeld. © Chanel.
Der »Esprit« von Chanel in den Details eines zweifarbigen Tweedkostüms aus der Haute Couture- Kollektion Frühjahr-Sommer 1993. Photo Laziz Hamani. © Chanel.

Tradition und Innovation – Top-Model Kristen McMenamy, hier gesehen von Karl Lagerfeld, trägt eins seiner schicken und schockierenden Kostüme aus schwarzem und weißem Tweed, entworfen für die Haute Couture-Kollektion Frühjahr-Sommer 1991. © Chanel.
Versteckte Kamera. Zwei Stippvisiten in den berühmten Ateliers der Rue Cambon. Hier entstehen unter strikter Einhaltung der Regeln der Haute Couture die von Lagerfeld entworfenen Modelle. Photo Edouard Boubat, 1993.

Offenherzig und in Leder – Chanel in den Neunzigern. Inszeniert in den Straßen von New York: einige Top-Models in Abendkleidern und Lederblousons. Lediglich die Motorräder wurden nicht von Lagerfeld entworfen. Prêt-à-Porter Herbst-Winter 1991-1992. Photo Peter Lindbergh für *Vogue US*, Reportage *Wild at Heart*, New York, 1989.

Die Idee der gesteppten Handtasche. Das unerläßliche Accessoire einer kompletten Chanel-Ausrüstung, entworfen 1930. Photo Laziz Hamani, 1993. © Chanel.
Haute Couture, Klassizismus und Moderne: Die Vermählung des kleinen Chanel-Kostüms mit schwarzem Leder. Shalom Harlow, photographiert von Karl Lagerfeld für die Prêt-à-Porter-Kollektion Herbst-Winter 1995-1996. © Chanel.

Inspiriert von einem Modell, das Coco Chanel 1937 getragen hat, ein langes Kleid aus goldfarbenem Tüll und von François Lesage bestickter Spitze aus der Haute Couture-Kollektion Frühjahr-Sommer 1996. © Chanel.
»The Chanel Classic Bottle N°5: the most treasured name in perfume.« Eine Auftragsarbeit, die Andy Warhol 1985 für Les Parfums Chanel ausführte. Serigraphie auf Leinwand. © The Andy Warhol Foundation Inc.-ARS. © ADAGP, Paris 1996.

Damals und heute: Die Gesichter wechseln, die Mode ändert sich, aber der Stil bleibt. Links die Schauspielerin Marion Moorhouse in einem Abendkleid von Chanel. Photo Edward Steichen, Courtesy of *Vogue*. © 1928. Rechts, beinahe sechzig Jahre später, das Mannequin Shalom in einer Kreation von Karl Lagerfeld für Chanel Haute Couture, Frühjahr-Sommer 1996. © Chanel.

Karl Lagerfeld, wie er sich selbst sieht. Verantwortlich seit 1983 für die Mode von Chanel: Haute Couture und Prêt-à-Porter. Zeichnung: Karl Lagerfeld, 1991. © Chanel.
Zeitlos: Gabrielle Chanel, wie sie Man Ray 1935 photographiert hat. Heute gibt es keine junge Frau, die diesen Stil nicht ohne weiteres übernehmen könnte. © 1996, Man Ray Trust/ADAGP, Paris.

Autor und Verlag danken dem Hause Chanel für die Unterstützung beim Zustandekommen dieses Buches, namentlich ganz besonders Marie-Louise de Clermont-Tonnerre, Karl Lagerfeld, Jacques Helleu, Pierre Buntz, Patrick Doucet, Eric Pfrunder, Florence Mittnach-Rocher, Véronique Pérez, Véronique Depardieu, Catherine Cruse und Agathe Legall.
Dank auch an alle, die bereit waren, an dieser Publikation mit-zuarbeiten, insbesondere an Madame Jeanne Moreau, Shalom Harlow, Linda Evangelista, Christy Turlington, Kristen McMenamy, Cindy Crawford, Helena Christensen, Stephanie Seymour, Claudia Schiffer, Naomi Campbell, Nadja Auermann, Thera Matino, Olga Pantuschenkova, Tatiana Zavialova, Diane Heidkruger, Stella Tennant, Laziz Hamani, Ruben Alterio, André Massaro sowie auch an Véronique Chaubin, Lydia Cresswell-Jones, Sabine Killinger, Cathy Queen und Nicole Chamson.